鞋业科技概论

An Introduction to Footwear Manufacturing Techniques

主　编　周　晋

副主编　张伟娟

编　委　杨　磊　林子森　李晶晶

侯科宇　谭润香　鲁　倩

四川大学出版社
SICHUAN UNIVERSITY PRESS

图书在版编目（CIP）数据

鞋业科技概论 / 周晋主编 . 一 成都 ：四川大学出
版社，2023.11
　ISBN 978-7-5690-5664-8

　Ⅰ . ①鞋… Ⅱ . ①周… Ⅲ . ①制鞋－工艺学－教材
Ⅳ . ① TS943.6

　中国版本图书馆 CIP 数据核字（2022）第 176723 号

书　　名：鞋业科技概论
　　　　　Xieye Keji Gailun
主　　编：周　晋
丛 书 名：高等教育理工类"十四五"系列规划教材

丛书策划：庞国伟　蒋　玙
选题策划：蒋　玙
责任编辑：蒋　玙
责任校对：胡晓燕
装帧设计：墨创文化
责任印制：王　炜

出版发行：四川大学出版社有限责任公司
　　　　　地址：成都市一环路南一段 24 号（610065）
　　　　　电话：（028）85408311（发行部）、85400276（总编室）
　　　　　电子邮箱：scupress@vip.163.com
　　　　　网址：https://press.scu.edu.cn
印前制作：四川胜翔数码印务设计有限公司
印刷装订：四川省平轩印务有限公司

成品尺寸：185mm×260mm
印　　张：13.5
字　　数：318 千字

版　　次：2023 年 11 月 第 1 版
印　　次：2023 年 11 月 第 1 次印刷
定　　价：78.00 元

扫码获取数字资源

四川大学出版社
微信公众号

本社图书如有印装质量问题，请联系发行部调换

前　　言

　　制鞋产业是传统制造业，鞋类产品也是日常必需品。鞋具有的结构和功能性从出现伊始一直持续到现代：古人类兽皮裹足主要满足简单的保暖和足部保护；两千年前的秦兵马俑鞋靴底的三段式设计，明确区分了后跟、足中部和前掌区域，通过对不同区域的纳底工艺设计，实现鞋靴的便捷行走功能，使其持久耐用；魏晋南北朝谢灵运设计了谢公屐，通过调整木屐的前、后插销，有针对性地保留前掌和后跟部件，实现了上山和下山的便捷性；现代鞋的结构和功能随着应用场景的不同而不断更新，并逐渐进行更加专业化的细分。鞋的结构和功能与穿着者、穿着环境以及穿着时的状态紧密相关，涉及运动生物力学、人机工程学、材料学等多学科知识的交叉融合和应用。

　　一个产业完备的科学体系和知识图谱决定了其市场竞争力。大部分知名品牌主要占据产业链"微笑曲线"的两端——研发和渠道。特别在研发领域，以结构和功能的竞争最为激烈。各品牌层出不穷的新产品不仅是对结构创新设计、功能材料创新研发的深度布局，而且是对鞋业科学技术体系、科技人才的持续投入和建设的产出。

　　本书的编写是基于编者对制鞋产业近二十年的知识研究、应用实践总结，还涉及对当前和未来鞋业科技发展的总结和预测。本书从十五个板块展开对鞋业科技体系的理解，包括制鞋产业技术发展分析、制鞋产业科技分析，与鞋业科技相关的科学技术，如生物力学基本技术、结构和功能设计技术、流行元素量化分析技术、数字化设计技术、鞋用新材料及功能材料、制鞋产业信息化、智能制造技术、新零售技术、个性化定制技术、交互技术、绿色制造。

　　构建鞋业科技体系需要宏大的知识体系，我们现有的认知还远远不够。但我们希望以此为契机，带动更多从业者不断补充和完善，为我国制鞋产业的发展与强大贡献绵薄之力。

周晋　于成都

2023 年 11 月 11 日

目　　录

第一部分

综述

制鞋产业科技的发展离不开对其他工业领域科技的学习和借鉴。随着科学技术的进步，人类认识自然、改造自然的步伐逐步加快。数次工业革命涌现出了诸多新技术，极大地推动了生产力的提高。各行各业通过借鉴、吸收和应用这些先进技术来改造和发展本行业已成为新常态。

　　本部分围绕当前世界主流技术的发展进行概述，突破制鞋行业的传统思维，拥抱新兴科学技术，实现我国制鞋产业的跨越式发展。

第一章 科技发展分析

从世界科技发展轨迹来看，四次工业革命逐渐加快（第一次工业革命到第二次工业革命相隔100年，第二次工业革命到第三次工业革命相隔100年，第三次工业革命到第四次工业革命相隔30年，第四次工业革命到第五次工业革命预计相隔10年），显著地提升了社会生产力，让人们享受到技术变革带来的便利和幸福。当前，世界科技仍在快速发展，以人工智能、5G技术为代表的新技术，将为工业发展创造更多可能。

改革开放以来，我国科技水平得到了前所未有的提高。针对制造业，国务院印发了《中国制造2025》，坚定了我国走自主发展道路的信心和决心。随着"新基建"政策的提出和实施完成，我国在全球工业领域的竞争力将得到进一步加强。

工业革命是人类历史发展的重要里程碑，极大地促进了生产力的进步和提高，推动了人类文明的进步。如果一项新技术能显著提高生产效率，降低生产成本，则可能被广泛应用。这种新旧技术的更迭是工业革命的重要特征。

伴随历次工业革命的发生，制鞋产业也受到了深远影响。第一次工业革命和第二次工业革命期间，制鞋行业基本以手工制造的传统生产模式为主。第三次工业革命以后，依托电气化和信息技术的发展，制鞋产业发生了质的转变，实现了机械化和自动化。第四次工业革命的新技术，使制鞋产业产能得到显著提升，形成了自动化和规模化生产模式。未来，伴随人工智能、计算机视觉技术、虚拟现实技术等的发展，制鞋产业会发生更大的变化。

2013年，世界各大制造业所在国家纷纷发布相关战略。其中，德国发布了"工业4.0"，美国发布了"工业互联网"。

德国"工业4.0"可以概括为建设一个网络、研究两大主题、实现三项集成、实施八项计划。

（1）建设一个网络：信息物理系统（CPS）。①将物理设备连接到互联网上，让物理设备具有计算、通信、精确控制、远程协调和自治功能，实现虚拟网络与现实世界的融合。②CPS可以将资源、信息、物体和人紧密联系，创建物联网及相关服务，将生产工厂转变为智能环境。③CPS是实现"工业4.0"的基础。

（2）研究两大主题：智能工厂、智能生产。①重点研究智能化生产系统和过程，以及网络化分布式生产。②智能生产的重点在于将人机互动、智能物流管理、3D打印等先进技术应用于整个生产过程，从而形成高度灵活、具有个性的网络化产业链。③生产流程智能化是实现"工业4.0"的关键。

（3）实现三项集成：横向集成、纵向集成、端对端集成。①将传感器、嵌入式终端

系统、智能控制系统、通信设施通过CPS形成智能网络，使人与人、人与机器、机器与机器、服务与服务之间能够互联，实现横向、纵向、端对端的高度集成。②横向集成是企业之间通过价值链和信息网络实现的一种资源融合，能够提供实时的产品和服务。③纵向集成基于未来智能工厂的网络化制造体系，实现个性化定制生产，可以替代传统的固定式生产流程。④端对端集成是贯穿整个价值链的工程化数字集成，是在终端数字化的前提下实现的基于价值链的与不同公司的整合，可以最大限度地实现个性化定制。

（4）实施八项计划：标准化和参考架构、管理复杂系统、一套综合工业宽带基础设施、安全和保障、工作组织和设计、培训和持续的职业发展、监督框架、资源利用效率。这八项计划是"工业4.0"得以实现的基本保障。

德国"工业4.0"的核心就是通过CPS实现人、设备与产品的实时连通、相互识别和有效交流，从而构建一个高度灵活的具有个性化和数字化的智能制造模式。在这种模式下，生产由集中化向分散化转变，规模效应不再是工业生产的关键因素；产品由趋同化向个性化转变，未来产品生产都将完全按照个人意愿进行，极端情况将成为自动化、个性化的单件制造；用户由部分参与向全程参与转变，用户参与不仅出现在生产流程的两端，用户还要广泛、实时参与生产和价值创造的全过程。

与德国强调的"硬"制造不同，美国更侧重于"软"服务方面，希望用互联网激活传统工业，保持制造业的长期竞争力。

美国的"工业互联网"最早由通用电气于2012年提出，本质上是为了应对2008年金融危机给大型企业带来的增长压力，旨在连接虚拟网络与实体，打通各产业之间的技术壁垒，打造高效的生产系统，激活传统工业，融合数字世界和物理世界，使制造业保持长期竞争力。随后，美国五家行业龙头企业联手组建了工业互联网联盟（Industrial Internet Consortium，IIC），将这一概念进行推广。除了通用电气公司，还有IBM、思科、英特尔和AT&T等公司加入IIC。图1-1概括了美国"工业互联网"的重要举措。

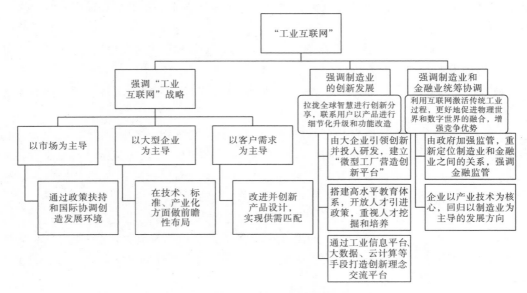

图1-1 美国"工业互联网"的重要举措

一、《中国制造 2025》概述

（一）《中国制造 2025》的战略目标

立足国情，立足现实，力争通过"三步走"实现制造强国的战略目标。

第一步：力争用十年时间，迈入制造强国行列。

到 2020 年，基本实现工业化，制造业大国地位进一步巩固，制造业信息化水平大幅提升。掌握一批重点领域关键核心技术，优势领域竞争力进一步增强，产品质量有较大提高。制造业数字化、网络化、智能化取得明显进展。重点行业单位工业增加值能耗、物耗及污染物排放明显下降。

到 2025 年，制造业整体素质大幅提升，创新能力显著增强，全员劳动生产率明显提高，两化（工业化和信息化）融合迈上新台阶。重点行业单位工业增加值能耗、物耗及污染物排放达到世界先进水平。形成一批具有较强国际竞争力的跨国公司和产业集群，在全球产业分工和价值链中的地位明显提升。

第二步：到 2035 年，我国制造业整体达到世界制造强国阵营中等水平。创新能力大幅提升，重点领域发展取得重大突破，整体竞争力明显增强，优势行业形成全球创新引领能力，全面实现工业化。

第三步：新中国成立一百年时，制造业大国地位更加巩固，综合实力进入世界制造强国前列。制造业主要领域具有创新引领能力和明显竞争优势，建成全球领先的技术体系和产业体系。

（二）《中国制造 2025》重点领域

《中国制造 2025》重点领域如图 1−2 所示。

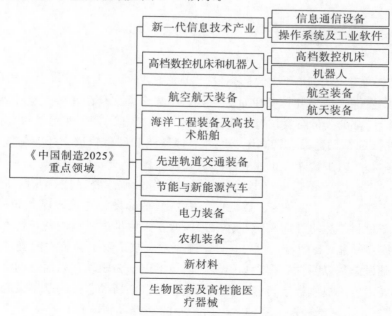

图 1−2 《中国制造 2025》重点领域

（三）《中国制造 2025》实施的必要性

《中国制造 2025》是统筹处理传统产业改造提升、信息技术深度应用和新兴产业培育三者关系的重要抓手。近年来，我国传统制造业优势日益衰减，从劳动密集型产业向技术密集型、资本密集型产业转型是主要趋势。目前，我国处于为旧技术"补课"、扩展现有技术、迎接新技术的发展阶段，《中国制造 2025》能够成为平衡三者关系的重要指导。

《中国制造 2025》是推进工业与互联网深入融合的顶层设计。互联网颠覆了以往的生产—消费模式，生产与消费不再是先后进行，而是产销一体，边生产边消费，这就体现了服务的重要性。

《中国制造 2025》首次全面推进服务型制造转型，深化制造业服务能力的打造。"互联网＋"推动产业结构升级，制造业服务化成为产业发展新趋势。制造业服务化有三种主要方式：一是工业企业利用互联网开展远程运维、远程监控等信息服务。二是工业企业在推广应用互联网的过程中，衍生出信息系统咨询设计、开发集成、运维服务等专业信息服务企业。三是工业与互联网的结合应用中产生各类平台型企业，专门为工业企业提供研发设计、经营管理、市场销售等服务，并衍生出相关新型信息服务企业。

《中国制造 2025》是未来个性化定制模式的重要支撑。未来的工业生产体系将更多地通过互联网技术以网络协同模式开展工业生产，使企业在面对客户需求变化时，能迅速地做出响应，并保证生产力。制造企业可以从收集顾客需求开始到接受订单、寻求生产合作、采购原材料、设计产品、制订生产计划及生产的整个环节都通过互联网进行整合，这种生产制造的灵活化是制造业未来发展的方向，预示着全球制造行业将迎来技术升级的激烈竞争。

二、"新基建"概述

"新基建"概念于 2018 年 12 月第一次出现在中央经济工作会议上，2019 年写入国务院政府工作报告，2020 年国务院常务会议、中央全面深化改革委员会第十二次会议、中共中央政治局常务委员会会议持续密集部署。"新基建"发力于科技端的基础设施建设，主要包括 5G 基站建设、特高压、城际高速铁路和城市轨道交通、新能源汽车充电桩、大数据中心、人工智能、工业互联网七大领域。

2020 年 4 月 1 日，习近平总书记在浙江考察时强调，要抓住产业数字化、数字产业化赋予的机遇，加快 5G 网络、数据中心等新型基础设施建设，抓紧布局数字经济、生命健康、新材料等战略性新兴产业、未来产业，大力推进科技创新，着力壮大新增长点，形成发展新动能。2020 年 4 月 20 日，国家发展改革委员会首次明确"新基建"范围，新型基础设施是以新发展理念为引领，以技术创新为驱动，以信息网络为基础，面向高质量发展需要，提供数字转型、智能升级、融合创新等服务的基础设施体系。

"新基建"是未来新经济、新技术、新产业的基础设施支撑，是大国竞争的关键胜负手。新基建包括信息基础设施、融合基础设施、创新基础设施，这些领域发展空间巨大，增长迅速，经济、社会效益显著，对上下游行业的带动性强，在未来经济社会发展中将起到担大任、挑大梁的重要作用。

三、《中国制造2025》和"新基建"对制鞋产业发展的启示

《中国制造2025》提出制造业与互联网融合发展。目前制鞋产业主要实现了某一阶段或某一模块的数字化，如财务数字化，但缺乏全流程、全产业链的数字化。《中国制造2025》重点领域技术将为制鞋产业的发展带来机遇和挑战。

5G技术的广泛应用，将带动物联网硬件与制鞋产业关键设备的链接和数据的传输、存储，实现生产制造设备的数字化，使数字工厂成为现实。数字工厂将带动生产过程及配置更加科学合理，使工业工程变得更加客观，并实时发挥调控作用，生产制造过程更加透明，从而提高生产效率。另外，柔性制造也是实现C2M（Customer to Manufacturer，用户直连制造）的关键环节。

工业互联网关键技术的革新将推动传统零售行业的发展。传统零售环境将由传感器获取信息，基于AI算法进行分析，使零售门店转变为企业获取用户信息的端口。通过这些信息，制鞋企业能更精准、科学地掌握市场趋势。

先进制造水平的提升将有利于制鞋行业制造能力的提升。一方面，增材制造3D打印速率提高，柔性材料进一步普及，使得鞋底规模化打印成为可能。目前已有一些供应商开始为企业提供样品级和规模级柔性3D打印鞋底。另外，金属3D打印的普及使金属扣件的生产更便捷。另一方面，先进数控机床让模具制造更加精准，也让模具加工过程的控制更加合理，从而提高鞋类产品的制造精度和品质。

先进制造技术也加快了数字化革命进程。传统的数字化设计需要依托CAD系统的支撑，还需要数字化工程技术人员参与。随着设计互联网化关键技术的突破，类似时谛智能等科技型企业将数字化设计变得更便捷，AI技术让设计过程不再是困难的0~1的过程，而是1~100的高效赋能；SaaS设计平台让协同设计、在线设计和远程设计变为现实，设计师参与到数字化设计过程中，极大地推动了制鞋行业数字化革命。

在鞋底材料领域，更多功能高分子材料被应用于皮鞋和运动鞋系列。鞋面材料不再局限于皮革，更多具有防水功能、自清洁功能或特殊变色效果等的功能纤维材料将被广泛应用。

（周晋）

第二章　制鞋产业技术发展分析

一、制鞋产业的发展及当前形势

（一）全球制鞋产业转移

现代制鞋工业发源于欧美地区，20世纪六七十年代从欧美地区转移至日韩地区，20世纪七八十年代从日韩地区转移至中国台湾和香港地区，20世纪90年代初再转移至中国沿海地区。随着我国经济发展，劳动力成本上升，跨国鞋业公司逐步将供应链转移至东南亚国家。越南成为仅次于中国的全球第二大鞋类制造基地。这些转移主要是制造环节，而研发仍主要在欧美地区。

（二）我国制鞋产业转移

从制造的角度来看，制鞋产业的产能总是立足成本更低的地区。因而，随着我国沿海地区劳动力成本增加，生产制造逐步向中西部地区转移。而我国本土制鞋企业则自发性地聚集和发展，形成了一批主流品牌，如运动鞋品类的安踏、乔丹、匹克等，皮鞋品类的红蜻蜓、康奈、奥康等。我国制鞋产业转移如图2-1所示。

第一阶段

第二阶段

第三阶段

20世纪90年代，由中国香港　　2001—2015年，由沿海地区　　2015年以来，传统制鞋企业
地区向沿海地区转移　　　　　　向中西部地区转移　　　　　集中向浙江（温州）、福建
　　　　　　　　　　　　　　　　　　　　　　　　　　　　（莆田、泉州）聚集

图2-1　我国制鞋产业转移

未来，浙江温州和福建泉州、晋江等地区因具有完整的供应链、优秀的企业，以及当地政府和政策的支持，将扛起我国未来制鞋产业发展的大旗。

制鞋产业虽然属于劳动密集型产业，但仍具有较高的专业性和技术性，其技术性体现如图2-2所示。

脚和鞋的交互 基于运动生物力学	材料和功能 功能性纺织材料和皮革材料	制造技术 大规模自动化设备
①从二维（基于图片）转变为三维（基于三维模型）	①超细纤维合成革	①机器人辅助和协同制造，以及人工智能辅助决策系统
②从静态（站立状态）转变为动态（行走状态）	②功能皮革，具有防静电、耐高温、防辐射等功能	②工业控制系统和工程理论
③从外在（足部应力）转变为内在（骨骼和肌肉间应力）	③鞋底材料由传统的橡胶拓展为PU、TPU、TR及其改性材料，让鞋变得更轻便，弹性、耐磨性、防滑性更好	

图 2-2　制鞋产业的技术性体现

二、部分国家制鞋产业技术发展分析

（一）英国

第一次工业革命首先发生在英国。英国是现代制鞋产业的先行军。部分绅士男鞋的命名都与英国相关，如牛津鞋（Oxford shoe）、德比鞋（Derby shoe）、布洛克鞋（Broque shoe）、孟客鞋（Monk shoe）。

1. 相关大学及研究机构

（1）伦敦艺术大学（University of the Arts London，UAL）。伦敦艺术大学的鞋靴设计专业有着悠久的历史，其前身是英国鞋靴技术学校，拥有雄厚的基础和精湛的技术。伦敦艺术大学至今依然保留着许多珍贵的鞋履相关资料，鞋履图书馆与档案馆珍藏着 663 双鞋履实物与超过 1200 张鞋履图像资料。

（2）北安普顿大学（The University of Northampton，UoN）。北安普顿大学是英国为数不多的开设鞋类设计专业的高校。其皮革技术专业连续多年位于英国专业排名榜首。

（3）德蒙福特大学（De Montfort University，DMU）。德蒙福特大学有 140 多年的教学科研历史，位于英国传统制鞋地区莱斯特，在制鞋方面具有得天独厚的优势。德蒙福特大学十分重视设计和市场的衔接，对工艺水平要求较高。德蒙福特大学更偏重于基于职场的专业素质教育，许多课程设置与职场对专业人才的需求紧密相关。

（4）SATRA。SATRA 的全称为 The British Boot, Shoe and Allied Trades Research Association，早期为由英国鞋类和相关鞋贸商组成的研究协会，集鞋履知识、研究和测试为一体。SATRA 是全球领先鞋类技术研究机构，总部设在英国，于 1919 年成立。目前，SATRA 为会员制组织，收录全球会员 2000 余家，会员的组成包括鞋类生产商、零售商、材料和零配件供货商、皮革制造商及鞋机制造商等。SATRA 可以提供一系列专业服务来协助会员提高产品质量和性能，降低生产成本，创新研究。

①业务领域。SATRA 在东莞市设有分公司和实验室。其业务领域包括成鞋及各类

材料和零配件的检测评估、鞋楦合脚性和鞋类舒适度研究、质量管理体系认证服务、生产效率提升、产品安全认证、化学成分分析和检验、鞋类专业培训课程和技术咨询等。

②实验室与仪器。SATRA 的测试实验室拥有专业完善的设备，研究开发针对成品鞋和各类零配件的测试方法，并针对会员推荐测试标准和一系列测试仪器。SATRA 的仪器包括如 SATRA 止滑仪（国际防滑测试标准指定设备）、SATRA 湿度管理和耐寒率测试仪（SATRA Endofoot）、生物力学磨损试验机（SATRA Pedatron）等。SATRA 还能为企业提供技术问题解决方案。

③开发系统。SATRA 不间断地研究创新发展，与时俱进，其所开发的生产效率提升系统能协助产业降低生产成本提高收益性，如 SATRA Summ（鞋面材料管理系统，通过精确的用量计算，以及对裁断技能的培训来提升面料的使用率，减少废料，增加工厂裁断利润）。Vison Stitch（针车训练系统，有助于减少生产时间，提高针车质量以及对新手的培训）。Timeline（精确计算最佳工时，降低人工成本，识别生产瓶颈，进而优化制造环节人员配置，达到生产线平衡）。此外，SATRA 多年来对鞋类舒适性和人体工学的研究，现在可以快速地通过数字化来提供服务。SATRA 在全球很成功的实验室认证系统，协助企业建立符合国际标准的内部实验室，通过 SATRA 专业的辅导和认证，提升产品质量以及品牌客户对企业产品的信心，为制造一双符合要求的鞋类产品提供定量评价支撑。

④成果发布。SATRA 是权威的鞋类技术知识累积机构，出版了许多技术刊物，在产品知识研究、培训领域都处于领先水平。SATRA 定期为会员提供资料，报道最新的制鞋技术和市场趋势。其出版的《基础制鞋手册》（Basic Shoemaking Book）和《全球足部脚型调查报告》（Global Foot Dimension）已成为行业的重要参考。

2. 主要品牌技术介绍

除萨维尔街的定制皮鞋外，聚焦商务时尚皮鞋的 Clarks 在英国鞋履品牌中有着重要的地位。Clarks 起源于 1825 年 Cyrus 和 James Clark 制作的第一双羊皮拖鞋。Clarks 的产品强调创新和工匠精神结合，每一双鞋的鞋楦都由手工打磨，积极应用新材料，通过前沿的结构设计、工艺结合，为全球用户提供舒适的鞋履服务。Clarks 的产品符合舒适商务要求，在缓震性、防水性、抓地力、柔韧性和透气性等方面具有领先的技术，其核心技术如图 2-3 所示。

Agion系列中的沸石载体为鞋提供银离子等活性成分，可有效通过阻碍呼吸、抑制细菌分裂及破坏细胞新陈代谢等方式抑制细菌滋生。

反应灵敏的足底凝胶由品牌专家特别研发，能够提供充分的缓冲，并随脚掌运动灵活弯曲，有助于避免双脚疲劳。这项全面的科技还可吸收来自鞋底及侧面的多重冲击。

该系列薄膜与高性能衬里相结合，能够有效御寒保暖。在多重天气环境下，双脚都尽可能保持温暖、干燥。

可机洗鞋款能在30℃水中用非生物洗涤剂进行清洗。

弧形鞋底线条柔和，行走时可从鞋跟至鞋头转动，减少双脚弯折屈曲，可有效省力，降低疲劳度。

采用Ortholite®鞋垫的独特开孔结构，可随步伐移动起到舒缓冲击的作用。具备减少细菌滋生的特性、高度透气性和排湿功能，令双脚在活动期间保持清凉干爽。

与传统的帆船鞋通过鞋底排水不同的是，Aqua DX通过侧壁小口快速、持续地排除水分，降低足下打滑的风险。

精确定位，采用针对性结构的双密度缓冲技术，可缓解前脚掌压力，符合自然行走时足部的生物力学特点，让双脚保持舒适。

Ortholite®高性能鞋垫具有独特的开孔结构，可舒缓冲击，同时透气排汗。

事半功倍的独特设计，省去鞋内底板和鞋头衬，并尽可能减少内部接缝。轻巧材质令鞋身轻盈、柔软、灵活而透气。

鞋跟中隐藏的气泵可吸入新鲜空气，并在绕着足部循环后，通过隐形微型通道排出鞋外。测试显示，鞋内超热的空气每隔10步便会换之以新鲜的空气。

采用特殊工艺制成的橡胶鞋底，以持久耐磨的符合材料制成，无论干燥还是潮湿环境，都能提供理想的抓地力和稳定性。

图2-3 Clarks核心技术

（二）美国

美国制鞋风格主要偏向休闲和运动，更加专注于运动鞋类产品的设计和研发，拥有全球排名靠前的运动品牌（Nike、Under Armour 等）及相关运动生物力学研究机构和设计机构。

1. 相关大学及研究机构

（1）萨凡纳艺术与设计学院（Savannah College of Art and Design）。萨凡纳艺术与设计学院是全美最大的艺术类院校，也是全球最大的艺术大学之一。萨凡纳艺术与设计学院会向学生提供配饰（包括鞋靴、箱包）课程，十分注重产品的商业化设计。

（2）纽约时装学院（Fashion Institute of Technology）。纽约时装学院是以服装与艺术设计闻名的公立院校，位于纽约市繁华的曼哈顿地段，具有极佳的时尚灵感及品牌调研的地理优势。

（3）艺术中心设计学院（Art Center College of Design）。艺术中心设计学院开设了运动鞋设计专业课程，学生除学习鞋靴设计的基本知识外，还可学习人体工程学、生物力学相关知识。

（4）Pensole 设计学院。Pensole 设计学院是全美唯一开设球鞋类设计专业的学校，每年会举办全球运动鞋设计大赛。Pensole 设计学院开设了球鞋款式设计、球鞋配色、球鞋工艺与制作、球鞋人体工程学等专业课程。学院创立至今，已经积累了数万名设计师，培养了数千名学员，近 300 名设计师已成为各大知名运动品牌及休闲品牌的设

计师。

（5）高校实验室。许多美国高校均设有运动生物力学相关专业，如宾夕法尼亚州立大学（The Pennsylvania State University）和俄勒冈州立大学（Oregon State University）。宾夕法尼亚州立大学建立了世界上最早的生物力学研究中心，主要研究方向是运动生物力学、运动损伤、矫正矫形等。俄勒冈州立大学依托 Nike 总部，成为全美优秀的运动生物力学研究机构之一。

（6）企业实验室。以 Nike 运动实验室为例，其创立于 1980 年，位于俄勒冈州比弗顿市，占地 1.6 万平方英尺（1 平方英尺≈0.0929 平方米），是 Nike 的"中枢神经和心脏"。目前，Nike 运动实验室已成为运动产品行业的世界级研究中心，其宗旨是：传递科学洞见，驱动 Nike 品牌跨界创新。Nike 运动实验室拥有研究人员大多获得博士和硕士学位，专业领域涵盖运动生物力学、生理学、生物医学工程、工程学、物理学和数学等。Nike 运动实验室还结合了 Nike 探索团队的部分功能。

①生理－环境实验室。通过生理－环境实验室获取模拟环境，如里约热内卢的高温环境和雅库茨克的极寒环境，用一种与人尺寸相当的机器人模型——排汗模拟人（sweating mannequin）来开展最极端的热力学研究，尝试通过鞋服产品平衡运动员的体温，减少能量消耗，让运动员能够训练得更久，强度更高。

②生物力学实验室。主要研究方向是生物力学。通过获取被试者的身体运动情况，使用工具创建三维虚拟模型，为设计师提供关键数据。

③动作捕捉实验室。动作捕捉实验室为研究人员提供研究人的身体运动的新途径，通过频率达到 30000 Hz 的高速摄像系统捕捉被试者的运动动作，使研究人员从细微之处洞察鞋对于人体运动的影响。

2. 主要品牌技术介绍

（1）Nike。

①华夫训练鞋。1971 年，跑步教练鲍尔曼试图研制一款防滑、轻便且支撑好的跑鞋，以应对俄勒冈州立大学新铺设的人工草坪。鲍尔曼受到蛋奶华夫饼铁模上的金字塔形状的启发，用模具把卡车轮胎橡胶压成鞋底，边缘处装配了橡胶鞋钉以加强侧面支撑，制成了华夫训练鞋。鲍尔曼还为此申请专利，取名"Nike"，意思是希腊神话中的胜利女神。

②NASA 技术。1978 年，Nike 引入 NASA 技术，把填充了压缩气体的聚氨酯气囊植入后跟，这样可以提供更多的缓冲，这款鞋取名为"Tailwind"，是气囊减震鞋的雏形。1987 年，Nike 把内置气垫改为可视气垫，取名为"Air Max"。

③Nike 气囊技术。Air Sole，在缓震能力、稳定性和反应速度等方面表现均衡。Air Zoom，是独立气垫单元，很薄，能够提高稳定性。Air Max，后掌气垫或多密闭气室，缓震能力强。Air Total，是 Air Max 的加强版，遍布全掌，性能和 Air Max 无太大差别。

④Air Mag。2015 年版的 Air Mag 实现了真正意义上的自动绑带，可通过机械拉扯使鞋面收紧。

⑤Hypeadapt 1.0。在球鞋上搭载自动绑带系统。

⑥NikeLab ACG 07 KMTR。鞋面为降落伞材质，穿着时，将鞋面打开，把脚放进鞋里，手通过拉扣后面的鞋带扣紧前侧磁铁扣。整个穿着过程不超过5秒。

⑦Nike Free。Nike Free 的初衷是为跑步者提供最接近赤足的体验，感受最原始的跑步经历。由于没有跑鞋的缓冲，赤足跑步要求跑步者的双脚和双腿拥有更强的力量和更强韧的肌肉，因此，赤足跑步对跑步者产生有效的肌肉刺激，提升跑步水平。设计师从玩具蛇获取灵感，将跑鞋大底割裂成很多小区块，穿着时中底会根据受力产生形变与弯曲，从而实现接近赤足的穿着体验。

⑧"Nike+"。"Nike+"是 Nike 公司研发的一系列健康追踪应用程序与可穿戴智能设备的概称。通过添加在"Nike+"鞋底的传感器，实现数据采集，并存储和显示运动日期、距离、热量消耗值、总运动次数、总运动时间、总距离等数据。使用者还可以将运动状态同步到 Nike+社交群体，为社交应用开辟了一个新的领域。

Nike 主要技术产品如图2-4所示。

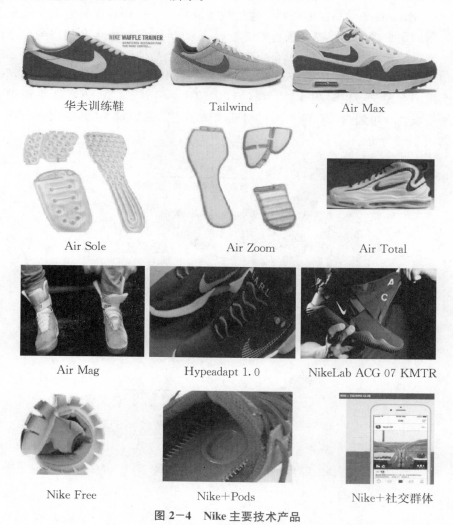

华夫训练鞋　　　　　　Tailwind　　　　　　Air Max

Air Sole　　　　　　Air Zoom　　　　　　Air Total

Air Mag　　　　Hypeadapt 1.0　　　　NikeLab ACG 07 KMTR

Nike Free　　　　　Nike+Pods　　　　　Nike+社交群体

图2-4　Nike 主要技术产品

（2）Under Armour。

Under Armour 创始人 Kevin Plank 原来是美式橄榄球运动员，其创业方向是美式橄榄球专业服装市场。Under Armour 的产品需要解决的问题是纯棉 T 恤在训练和比赛时常会被汗水浸透，容易贴在身体上，使穿着感受十分不舒服。Under Armour 的用户大多是专业运动员或运动爱好者，所以 Under Armour 的宗旨是让运动员更强。Under Armour 1996 年的营业额为 100 万美元，2003 年的营业额为 1.1 亿美元，2006 年营业额成长到 4.3 亿美元。2015 年初，Under Armour 在北美的销售额第一次超过 Adidas，成为北美排名第二的运动品牌，仅次于 Nike。

Under Armour 于 2013 年出资 1.5 亿美元收购基于 GPS 定位系统帮助用户制定线路的应用 Map My Fitness。2015 年，Under Armour 分别以 4.75 亿美元和 8500 万美元收购两家研究运动追踪的公司 MyFitnessPal 和 Endomondo。MyFitnessPal 是一个热量计算工具，可以追踪用户饮食习惯和热量摄入情况，并为用户制订每日健身计划，被收购之后，MyFitnessPal 可将各种相关数据纳入 Under Armour 的数据库中。

Under Armour 采用高性能面料，通过数字设备、工具和数据的生态系统来改变运动习惯，帮助用户规划、监控、调整和增强运动。Under Armour 在其健身社区拥有上亿用户，通过整合资源，Under Armour 将触角从快消品伸向健康领域。

Under Armour 的主要技术是 UA HOVR。UA HOVR 能兼顾穿着者对灵活性与缓震性的需求，有助于提供轻盈体验，帮助双脚缓冲。另外，UA HOVR 采用强力伸缩型能量网格设计，可通过专门的发泡材料回馈脚步蹬踏的能量。Under Armour 主要技术产品如图 2-5 所示。

图 2-5　UA HOVR 运动鞋

（三）意大利

意大利的制鞋工业体系基础扎实、配套齐全，包括制鞋机械制造、模具制造、鞋楦制造、鞋配件及鞋用五金制造等。从产品设计到成品鞋组装，意大利均处于世界先进水平。从企业规模来看，稍大规模企业主要负责款式设计、组织规模生产等；小规模企业则负责专业化程度较高的半成品生产，为大规模企业提供生产配件。

意大利通过提高产品的科技含量来提升产品的附加值。意大利制鞋产业更看重高品质、高质量和创新的设计，主要针对中高端市场，尤其是高端市场。科技改变了意大利制鞋工业的传统工作组织形式，领域中手工制鞋仍具有生命力，与小型装配生产线并没有太大区别。

1. 相关大学及研究机构

（1）柏丽慕达时装学院（Polimoda Institute of Fashion Design and Marketing）。柏丽慕达时装学院是欧洲著名时尚教育机构，被公认为全球四大顶级时装设计名校。柏丽慕达时装学院由包括 Versace、GUCCI、Ferragamo 等在内的三十家国际时尚和奢侈品品牌公司联合成立。

（2）马兰戈尼学院（Istituto Marangoni）。马兰戈尼学院于 1935 年创建，至今已为时装界培养了几万名专业设计人才，包括 Dolce&Gabbana 创始人 Domenico Dolce、Moschino 创始人 Franco Moschino、Valentino 前设计总监 Alessandra Facchinetti 等。

（3）欧洲设计学院（Istituto Europeo di Design，IED）。欧洲设计学院于 1966 年成立，总部设在意大利米兰，并在都灵、罗马和卡利亚里分别设有分院。

（4）FFLab。FFLab 是 Polytechnic 公司推出的专注于 3D 扫描和 3D 打印技术的数字实验室。FFLab 致力于为国际品牌公司提供新的产品开发机会。FFLab 使用 3D CAD 技术设计数字格式的鞋类部件，再通过 3D 打印机打印原型；使用逆向技术，通过 3D 扫描仪获取产品模型并进行编辑，再通过 3D 打印机进行打印。Rhinoceros 和 GeomagicWrap 是 FFLab 的首选软件。3D 扫描和 3D 打印技术使 FFLab 能够在更短的时间内以合理的成本完成模型构建及生产。FFLab 的 3D 扫描如图 2-6 所示。

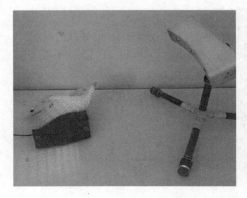

图 2-6　FFLab 的 3D 扫描

2. 主要制鞋企业介绍

IRIS 是意大利知名的制鞋企业，为众多国际品牌产品进行加工。IRIS 的研发团队具备为多品牌服务的能力，数字化工具是其工作的主要手段。IRIS 的研发团队有三个工作组，分别是信息组、2D 版样设计组、3D 设计组。

（1）信息组。信息组负责信息对接、整理、统筹安排。其工作流程为：设计师制订开发计划及材料需求；进行楦底跟准备；根据设计师图纸准备材料（皮料、辅料等）；初次打样，准备打样汇总表，与设计师沟通，整理修改意见；与版师沟通修改；完成第二次样鞋（单色单样），与设计师沟通，整理修改意见，确认样鞋，完善表格资料；根据配色单制作样品资料单，安排制作。

（2）2D 版样设计组。2D 版样设计组中一半的版师负责样鞋半边版，其余版师负责软件开版、级放和输出。

（3）3D 设计组。3D 设计组的工作流程为：从鞋楦厂获得鞋楦数据；小组负责人制作鞋楦信息单（包括鞋楦中大底工艺、使用标准等）；根据信息单进行中底设计，输出文件至中底厂；进行大底设计和文件输出；进行鞋跟设计，简单的鞋跟直接建模后用雕刻机输出木制模型用于打样，打样确认后输出，鞋跟厂直接使用该数据生产大货，复杂的鞋跟（如有雕花、创意造型等）需要使用三维扫描仪等设备；进行跟底的级放以及跟底大货套码于鞋楦是否匹配的检查工作；完成建模设计工作，录入信息，整理资料，与供应商联络。

IRIS 的研发团队及工作流程如图 2-7 所示。

（a）IRIS 设计师图纸、材料色卡及资料

（b）IRIS 创意鞋跟设计

(c) 2D版样设计组工作设备

图 2-7　IRIS 的研发团队及工作流程

3. 主要品牌技术介绍

(1) Silvano Lattanz。Silvano Lattanzi 创立于 20 世纪 80 年代，是一家小规模的家族企业，但因质优、价贵及名流追捧被誉为"小众化"的奢侈品。Silvano Lattanzi 全年只出品 6000 双鞋，每一双都由具有多年经验的老鞋匠手工精心打造，工艺和技术都严格遵循传统定制程序，一针一线都十分考究。Silvano Lattanzi 的产品分为现货和定制产品两种，其中 80% 为定制产品，20% 为现货。

(2) CASINO。CASINO 于 1925 年创立于意大利，以精湛的手工艺闻名。CASINO 的经营理念是"努力为全世界打造最好、最舒适、最时尚的皮具产品"。CASINO 于 1991 年被香港鸿利制鞋厂收购，2009 年开始进军中国内地市场。CASINO 之后开始多元化发展，开发了一系列高品质皮鞋、休闲鞋、凉鞋、靴子、皮包、服装等产品，以舒适、时尚、气质风格等为主。

(3) GEOX。GEOX 成立于 1994 年，其经营理念是"制造会'呼吸'的鞋"，是意大利排名第一的休闲鞋品牌，2003 年进驻中国，成为国内市场舒适鞋方面的新宠。GEOX 最受欢迎的鞋款是健步鞋，灵感来自 Mario Moretti Polegato 的一次沙漠徒步。他穿着普通运动鞋，脚部的热气很难散发，脚汗严重，于是 Mario Moretti Polegato 开始研究怎样让鞋子的透气性更好，由此发明了 GEOX 防水又透气的特有橡胶底。

(4) TOD'S。1986 年 TOD'S 推出第一代平底鞋，在鞋底和鞋后跟加上 133 颗橡胶小粒。这一系列鞋子是专为法拉利车主设计的，主要是防止开车时踩踏板打滑。产品推出以后大受欢迎，穿着者感到非常舒适。久而久之，这一元素成了 TOD'S 的美学象征。TOD'S 利用各式各样的皮质、皮色与鞋底设计，对简单的商品进行创新变化。它的 Moccasins 系列从最基础的黑色到最时尚的荧光色共有 150 多款。TOD'S 的品牌理念是不做时尚潮流的引领者，不一味崇尚传统，以经典风格为基础，注入时尚元素，重在品味和品质。

(5) Salvatore Ferragamo（菲拉格慕）。Salvatore Ferragamo 于 1927 年在意大利创立。其创始人 Salvatore Ferragamo 是皮鞋、皮革制品、配件、服装和香氛的世界顶级的设计者之一。Salvatore Ferragamo 男鞋以一贯认真、平实的风格，强调精细的手工及创意，不论是典雅的皮鞋还是舒适的运动鞋，以工质皆优出名，款式历久不衰。

（四）日本

纵观日本制鞋行业发展，它们更关注消费者的诉求，核心科技重在材质的研发，以满足消费者在轻便、耐磨和舒适方面的需求。在传承原有高水平工艺的基础上，着重考虑鞋款设计。

1. 相关大学及研究机构

（1）文化服装学院（Bunka Fashion College）。文化服装学院是世界三大服装设计学院之一，是亚洲唯一一所进入全球服装设计院校前十位的学校。文化服装学院有一年制、两年制、四年制的学习选择。山本耀司、高田贤三等知名设计师都是文化服装学院的毕业生。

（2）多摩美术大学（Tama Art University）。多摩美术大学与东京艺术大学、武藏野美术大学为日本著名的三所美术大学。多摩美术大学服装相关专业有纺织品设计、染织、时装等。著名服装设计师三宅一生毕业于多摩美术大学。

（3）杉野服饰大学（Sugino Fashion College）。杉野服饰大学是一所拥有90年以上日本服饰教育历史的私立大学，设有服饰造型科、时尚商务科、服装设计科、服装技术科、时尚设计科、设计艺术科、高度服装专业科等，是一所实力强、就业率高的服饰单科大学。

（4）京都精华大学（Kyoto Seika University）。京都精华大学是日本第一所加入国际艺术、设计与媒体学院联盟（CUMULUS）的大学，除服装制作外，还注重对服装消费市场的了解与分析，利用网络、杂志和实际调查分析进行综合性学习。

（5）Footwear Lab。2017年10月，Adidas在日本神户设立Footwear Lab，用于新技术开发及鞋类设计师的培养。神户有着悠久的制鞋历史，集聚了很多经验丰富的手工匠人。Footwear Lab拥有先进的研究设施，包括最高规格的制鞋器械、测量及测试设备。Footwear Lab是Adidas首次在德国以外的地区设立的鞋类产品研究室。

2. 主要品牌技术介绍

（1）REGAL。REGAL是日本知名度最高的鞋履品牌，以制作军靴起家，可以说是日本制鞋界的鼻祖。历经百年的发展，REGAL已成为日本拥有最成熟固特异制鞋技术的鞋履品牌。REGAL是第一家把标准固特异鞋底工艺实现流水线生产的公司，这样可以极大地提高鞋的质量，降低高品质鞋的实际生产成本。REGAL的固特异鞋牢固、防水、耐磨。

（2）ASICS。ASICS是鬼冢喜八郎创立的跑鞋品牌，中文名为亚瑟士，品牌理念为"健康身体中的健康灵魂"。ASICS坚持高科技、高品质的标准，研发了多项专利。ASICS的核心科技是IGS（Impact Guidance System）专利缓冲吸震系统。采用IGS技术的跑鞋在避震性、抓地性、透气性、弯曲性、轻量化、耐久性、稳定性和包裹性方面都有更出色的表现。ASICS产品广泛采用GEL硅胶材料。GEL硅胶材料有两种形式：一是T-GEL，广泛用于各类跑鞋；二是采用发泡GEL技术的R-GEL，发泡GEL轻量但不耐用，因此，采用发泡 GEL 技术的鞋一般以内置为主，中底缓冲材料会保护 GEL 材料使其能有更长的使用寿命。在智能制造方面，ASICS 于 2019 年在鞋帮和鞋底的黏合工序中引入机器人进行自动化生产，减少了接近一半的作业人员。

（3）Mizuno。Mizuno 具有 100 年的历史，其跑鞋强调支撑性和缓冲性。近年来，Mizuno 开始注重跑鞋的时尚化设计，对产品进行细分，还专门针对足外翻和足内翻的消费者推出对应的跑鞋。Mizuno 核心科技为 Wave 减震技术，其高端跑鞋系列多数采用全大底 Wave 减震技术，实现从脚掌到脚跟的全面减震。另外，与超感轻质缓冲材质 U4ic 相辅相成，能更好地保护跑步者的膝盖、脚踝等，使跑步者有更舒适的运动体验。

（五）德国

德国的制革工业产品以汽车座套革和家具革为主，鞋面革和皮革制品次之，其生产、进出口能力处于欧洲领先水平。德国杜塞尔多夫国际鞋类展览会（GDS）是全球著名的三大专业鞋展之一，每年举办两次，给德国鞋类出口提供了便利。高新技术是德国皮革工业发展的强项，目前航空及汽车制造技术已开始被用于制鞋和皮革机械设备的设计上。

1. 相关研究机构

（1）Adidas 德国研发中心。传统的制鞋行业是劳动密集型产业，但行业巨头正在尝试用机器人来完成部分工作，更好地满足用户的定制化和个性化需求。Adidas 在德国南部安斯巴赫的工厂进行了一项自动化生产测试，完全使用机器人来制造跑鞋 AM4。这些由机器人生产的跑鞋 AM4 针对一些主要大城市进行不同的定制设计，定制过程中会参考当地人的跑步习惯以及当地环境和跑步条件。

（2）德国皮尔马森斯制鞋测试研究所（PFI）。德国皮尔马森斯制鞋测试研究所成立于 1957 年，宗旨是从原材料、机械设备及技术问题等方面支持制鞋工业。PFI 的员工大部分为大学以上学历的技术人员。其业务部门分为三类：一是检测部门，由恒温恒湿物理实验室、普通条件物理实验室和化学分析实验室构成；二是技术开发部门，下设机械、电子、电器车间及 CAD/CAM 鞋用软件和 CDM 系统室；三是质量认证部门。PFI 的业务主要包括：鞋类、鞋材、鞋部件、皮革制品、足球等产品的性能测试，生产场地空气污染程度的化学分析，个人使用安全防护器具的测试与认证，检测仪器、鞋用软件的开发研究，ISO9000 和 CE 标志的认证。

PFI 的测试范围较为广泛，例如，测试鞋类剥离、弯折、磨耗等指标，进行动态防水、静态防水、周热性、绝缘性、鞋内湿度和温度变化等测试。在测试鞋材、鞋部件方面，包括鞋底、皮革、织物、纸板、橡胶、胶黏剂、压敏胶带、涂饰剂、包装材料、鞋带、金属件等的测试。PFI 的许多实验仪器设备都使用计算机控制系统，大大降低了人为误差，提高了检测数据的可靠性。

2. 主要品牌技术介绍

（1）Adidas。

Adidas 成立于 1949 年，创始人是阿道夫·达斯勒。Adidas 拥有自己的研究中心，针对不同运动鞋研发不同的技术，并融入鞋履设计中，如 BOOST 中底、Aramis 动作捕捉技术、High-tecch 设备、Primeknit 编织技术、SpeedFactory、Torsion Bar 扭力条等。

为了生产穿着清爽、不闷脚、轻便的运动鞋，Adidas 研发出 ClimaLite（具有更佳的透气性，内层织物可将水分扩散到迅速蒸发，从而快速散热）、ClimaShell（轻质、挡风，具有防雨、防风暴功能）和 ClimaWarm（极佳的保暖隔离性，与弹性织物一起使穿着者运动自如，结合挡风涂层提供防风保护作用）等。

中底技术：adiPRENE+，采用与可见泡沫材料相同的材质作为垫片放置在传统中底脚前掌处，具有缓冲和反弹作用；adiPRENE，密集的 EVA 材料放置在脚后跟受冲击区域，能够更好地吸收冲击、分散压力；adiSave，篮球鞋中底中部的一种支撑性装置，可以防止运动员脚踝扭伤；adiDRY，采用 PU 防渗护层作为材料，所有内衬接缝处都有防水封带，在任何气候条件下，都能保持双脚干爽、舒适、透气。

外底技术：adiWEAR，用高耐磨橡胶制成的不留痕大底，延长鞋子的使用寿命，主要应用在网球鞋和跑鞋中；E. F. R.（Engineer Forefoot Ride），主要用于跑鞋的外底结构，由吹制滑槽内层和全橡胶外层组合而成，使得穿着者的步伐更敏捷、快速；QuickStrike，使用 TPU 模压而成的结构，能极大地减轻鞋的重量，从而增强穿着者的运动灵活性；TRAXION，采用直接注塑 TPU 外底结构的技术，增强合脚感，获得出众的稳固着地特性。

（2）PUMA。

PUMA 产品涉及田径、足球、高尔夫和赛车专用鞋领域。PUMA 的核心技术有 PUMA Mobium，其中 PUMA Mobium Elite 是一款可随脚部移动而伸缩的运动鞋类产品，这项创新技术使鞋底能够沿水平、垂直及纵向三个维度进行伸缩，与整体运动相协调，使足弓着地更自然。PUMA MOBIUM ELITE 是采用"动态适足科技"（Adaptive Running）的第一代运动鞋，融合了多项 PUMA 技术，包括 Mobium Band、Windlass Chassis 和 Expansion Pods。

（3）HANWAG。

HANWAG 于 1921 年正式创立，是著名户外品牌。1970 年，世界上第一双专业高山旅行滑雪鞋 Haute Route 诞生于 HANWAG。1980 年，HANWAG 开启了登山鞋制造领域，轻便登山鞋系列产品填补了当时的市场空白。随着旅游业的蓬勃发展和户外运动的兴起，市场对穿越系列产品和登山系列产品的需求越来越大。时至今日，穿越系列产品和登山系列产品依然是 HANWAG 的主力产品。后来，HANWAG 开发的适于滑翔运动的高空飞翔系列产品受到专业消费者的大力追捧。1996 年，专业穿越系列产品 Alaska GTX 诞生。Alaska GTX 获奖无数，至今仍是 HANWAG 最畅销的产品之一。

环保性方面，HANWAG 是第一个采用环保牛皮 Terracare Zero 制作户外鞋的品牌，皮革均严格按照环境保护标准进行鞣制，皮革产地离 HANWAG 制鞋工厂很近，因此减少了运输过程中的二氧化碳排放。HANWAG 公开展示其使用的黏合剂成分，并期待更加环保的黏合剂产品问世。舒适性方面，HANWAG 坚持采用传统手工工艺，确保产品合脚性。牢固性方面，HANWAG 健行系列产品均采用联帮注射工艺，使产品持久耐用，长期穿着不变形，且可以更换大底。

(4) LOWA。

LOWA 创立于 1923 年，是德国的高级户外运动品牌。依托多年专业制鞋经验、严格选材以及世界级专业鞋底产品，LOWA 专精于各类户外运动鞋的研发、设计、生产与销售。LOWA 产品主要有高山探险靴、徒步鞋、多功能户外鞋、多功能运动鞋及旅行鞋等，以舒适性、耐用性著称。

(六) 韩国

韩国制鞋业于 20 世纪 70 年代初开始快速成长，80 年代成为全国第三大出口产业，1990 年出口达到 43 亿美元。韩国鞋类产品自 20 世纪 90 年代初起成为韩国代表性出口商品，是其经济增长和出口扩大不可或缺的原动力。在发展过程中，韩国制鞋产业过于依赖原始设备制造商生产和出口，未能抓住机遇培养市场开发能力并创立本国品牌占领国际市场，到 20 世纪 80 年代末，韩国劳动力成本快速上涨，世界鞋类知名品牌陆续转移到其他国家生产产品。2002 年，韩国鞋制品出口降至 5.77 亿美元，从业人员较 1990 年减少 80%。

韩国制鞋产业的基础较好，在提升消费者的服务体验上，从消费者脚型 3D 数据数字化采集开始，匹配适合的鞋楦并开发，应用各种软硬件进行设计生产，保证消费者的需求，以较低成本实现个性化定制。

因韩国制鞋产业的衰退，开设鞋类设计专业的大学主要有建国大学、弘益大学和庆熙大学。

TrekSta 是韩国登山鞋品牌，连续 10 年占据韩国户外鞋类 50% 以上的市场份额。TrekSta Spire GTX 徒步鞋 (图 2-7) 采用 GORE-TEX XCR 防水内衬、独立悬挂减震系统 (Independent Suspension Technology, IST)，预防在凹凸不平的地面步行时可能发生的脚腕肿痛、扭伤等，并具有吸收冲击力的功能。IST 具备 34 个独立的传感器，能够独立反馈外部细微的力，并缓冲，从而保持平衡，提高安全性及抓地力，减少运动疲劳度。

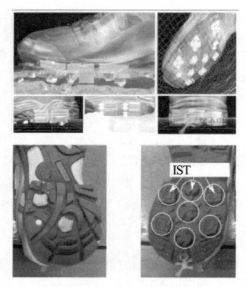

图 2-7　TrekSta Spire GTX 徒步鞋

三、中国制鞋产业技术发展分析

从 20 世纪 70 年代开始，我国制鞋产业飞速发展。中国皮革协会近年来数据显示，规上制鞋企业销售收入增速加快。2021 年，全国规上制鞋企业累计完成销售收入 6552.86 亿元，同比增长 8.86%；全国规上制鞋企业利润总额 374.81 亿元，同比增长 7.46%；全国出口鞋类产品 87.3 亿双，出口金额 479.3 亿美元，同比分别增长 18.1% 和 35.3%；全国鞋类产品平均出口单价 5.5 美元/双，同比增长 14.6%。我国制鞋产业从无到有，从引进吸收到独立创新，从过去的跟跑到现在的并跑，再到未来的领跑，"中国制造"成为我国制造业的响亮名片。虽然发达国家制造业回流，然而我国制鞋产业所拥有的产业链优势、生产制造优势、人工技能优势使鞋类产品尤其是高附加值产品制造仍集中在我国。

（一）优势

1. 产业链完整，产业协同程度高

近三十年来，我国形成了完备的制鞋产业链，并集聚成为"三州一都"的产业分布格局。每一个集聚地除有上千家制鞋企业外，均拥有庞大的生产型配套和服务型配套企业。这些要素共同构成了制鞋产业的生态链，提高了产业的竞争力。同时，产业之间的协作变得更加紧密。一方面，龙头企业进一步打造自主产业生态链，除满足自身需求外，还能通过技术赋能和资源输出为中小微企业提供增值服务，逐步从生产型制造转为服务型制造；另一方面，中小微企业进一步整合共有产业链资源，形成产业链联盟，加快产品研发速度，降低制造成本。我国的制鞋产业链是多维度、多层次的，具有独特的

优势。

2. 产学研协作潜力大，技术水平提升空间大

制鞋产业技术提升的核心是人才，特别是高层次研究型人才。我国上千所高等院校形成了强大的人才支撑。2022 年，我国全社会研发经费支出突破 3 万亿元。随着国家科技成果转化导向的进一步强化，将会有更多的硬核人才和技术落地制鞋产业。特别是我国在智能制造、新材料、信息通信技术等领域累积的优势，将为制鞋产业赋能，大大提升其技术水平。

3. 生产自动化水平高，生产效能高

经过多年的技术沉淀，加之我国智能制造水平提升，我国制鞋企业的自动化水平较高，生产技术水平和管理技术水平得到提升，生产效率提高，使我国鞋类产品在国际市场上具有较强的竞争力。

4. 先进技术学习能力快，落地执行好

我国制鞋企业愿意学习、引进新技术，且执行力好。因而，新技术在我国制鞋产业具有较短的应用周期、较快的更新速度。

5. 技术人员规模大，技术人才梯队完备

技术创新需要不同层次结构的技术人员共同努力。除高水平研究型人才外，还需要专业技术人才，他们作为制造业的中流砥柱，为新技术和传统制造搭建桥梁，是新技术创新的实践者和参与者。我国拥有强大的技术人才规模，随着国家政策的持续支持，职业院校培养的人才成为我国制造业的新动力，持续不断地推动包括制鞋产业在内的制造业的发展。

6. 产业资本实力雄厚，技术研发有保障

2022 年，我国全社会研发经费支出突破 3 万亿元，科技实力跃升。基于强大的经费及人才支撑，我国制鞋技术获得进一步提升。

（二）劣势

1. 产业配套技术水平有待提高

制鞋产业的本质就是组装，构成鞋的核心配件由不同厂家生产。因此，配件的好坏会直接影响鞋类产品品质。以传统制鞋强国意大利为例，除菲拉格慕等知名鞋类品牌外，其皮料、鞋楦、中底、大底、鞋机、五金扣件等产品的生产企业也处于世界一流水平。而我国制鞋产业配套技术水平有待提高。一方面，配套企业的技术水平有限，同质化严重；另一方面，制鞋企业成本导向过于严重，忽视了配套企业技术水平与产品溢价的关系。因此，强化和发展制鞋产业配套技术水平，是实现我国制鞋产业整体提升的重

要抓手。

2. 核心材料、技术和装备存在不足

我国已成为全球最大的新材料研发和应用国家，在很多领域都达到了世界先进水平，然而产业分布不均。制鞋产业对于新材料的应用程度普遍较低。鞋类相关的功能性新材料（如抗菌材料、防水材料、保温材料等）的研发不足。在关键技术方面，我国缺乏一定研发和储备。在关键装备（如鞋机、联帮注射装备）方面，我国还有待进步，这些装备可能会限制技术的发展。

3. 缺乏原创性技术突破

现代制鞋产业经过上百年的发展，形成了冷粘和注塑两大制造体系，后来，Crocs和UGG等品牌进一步创新了这两种制造体系生产从而形成新的品类。我国制鞋产业缺乏一定的原创性技术短板突破，使我国鞋类产品创新受到限制。只有不断突破技术创新，激发企业活力，才能制造出具有较高技术壁垒的鞋类产品。

4. 行业领军企业核心技术培育、突破动力不足

过去一段时间，国内品牌企业发展的重心在于拓展市场、渠道经营和营销增收，在技术研发方面特别是关键技术和核心技术的投入有限。目前，国家大力支持企业进行科研，在一定程度上推动了企业的自主创新。同时，在国内标杆企业的引领下，越来越多的企业愿意投入自主研发。相信在不久的将来，我们一定能够培育出更多具有国际影响力的鞋类品牌。

5. 缺乏技术传承

技术传承是技术沉淀、发展和再创造的基础。在制鞋行业，传统制鞋国家（如英国、意大利）的鞋类品牌和制鞋技术大多经过几代人的传承。这些制鞋匠人在长时间的产品创造过程中，积累了丰富的经验，确保了产品的高品质。我国制鞋企业要重视品牌和技术的传承，实现制鞋技术水平和鞋类产品品质的持续提升。

6. 数字化、信息化、标准化等技术基础较薄弱

中小微企业数字化、信息化技术与制鞋产业融合较差。多年来，我国制鞋产业为典型的粗放型发展，一方面，鞋类产品的研发缺乏先进的数字化方法和工具；另一方面，企业经营缺乏信息化技术系统。例如，温州某鞋革行业协会摸底调查，所调查的700余家制鞋企业的管理系统引进信息化的不足5%。数字化和信息化应用水平不高会严重制约制鞋行业的发展。然而，中小微企业难以承担高昂的系统和软件费用，缺乏使用这些系统和工具的专业人才，也限制了其引进使用数字化、信息化技术，产生企业发展的恶性循环。因此，可以通过政府搭建产业创新服务综合平台将大型企业的数字化、信息化技术应用经验和模式向中小微企业输出，以较低成本帮助其改革创新，以降低企业的研发成本、缩短研发周期、提高整体水平。

（三）机遇

1. 我国在众多领域实现技术领跑

在信息科技领域，我国信息通信技术具备显著优势，能够带给制鞋产业新的发展思路和发展机会。5G 通信技术的广泛应用将进一步加快制鞋产业的信息共享，打通从研发、生产再到销售、用户使用的全过程。在材料领域，纤维、皮革、高分子等功能材料的研发应用，为我国研发具有自主知识产权和核心技术的新产品提供保障。在运动医学领域，运动保护技术和装备的提升，拓宽了鞋类产品的覆盖范围，提升了专业鞋类产品的竞争力。

2. 我国内循环潜力成为技术突破的最佳动力

2020 年 10 月，党的十九届五中全会通过的《中共中央关于制定国民经济和社会发展第十四个五年规划和二〇三五年远景目标的建议》提出，要加快构建以国内大循环为主体、国内国际双循环相互促进的新发展格局。随着人们消费的不断升级，消费者对于制鞋企业的生产制造和商业模式都提出了更高要求，这就需要相关的技术实现突破。

3. 产业格局发生变化，产业互联网逐步形成

以前，单个企业主要围绕自身构建产业生态链，而现在，不再局限于企业自身，而是由有能力的企业整合资源，为其他企业输出服务，使传统的产业格局发生变化。同时互联网技术加快了这一变化，使生产更加高效，形成了产业互联网。

（四）挑战

1. 行业领军企业思维模式的转变

行业领军企业积极进行技术创新和产业转型，基于现在的发展趋势，企业更需要解放思想，转变思维模式，带动上下游企业创新发展，打造产业生态圈。

2. 以核心技术为基础，实现研产销一体化

以核心技术为基础，构建研产销一体化系统。"科学家＋设计师"的模式将成为未来制鞋产业占领国际地位的重要抓手，应鼓励相关企业开展研产销一体化发展，与科研工作者共同努力，打造具有核心竞争力的鞋类产品。

3. 从新零售、新制造凝练出共性技术、核心技术

在解决制鞋产业发展中的技术问题时，应该谨慎辨别核心技术、共性技术和个性化技术之间的差异，重点引导技术研发力量围绕共性技术和核心技术共同努力。

（周晋、侯科宇、李晶晶、鲁倩）

第三章 制鞋产业科技分析

一、2021 年度制鞋产业相关专利分析

作者共搜集了 2021 年 1 月 1 日至 2022 年 12 月 31 日中国发明专利和实用新型专利的情况，关键词为鞋、鞋垫、鞋材，排除对象为家具类产品（如鞋柜等）。累计制鞋产业全年有效专利申请 3180 件，其中，发明专利 981 件，占 31％；实用新型专利 2199件，占比 69％。

（一）发明专利

制鞋产业相关发明专利申请中，26％为功能鞋，19％为装备，16％为工艺方法，11％为技术方法；在材料方面，新材料仅为 7％；在部件方面，功能鞋底为 9％，功能鞋垫为 7％，功能部件为 5％。如图 3－1 所示。

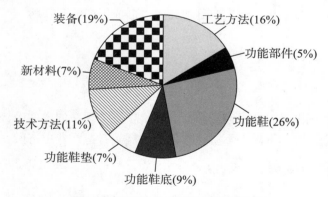

图 3－1 制鞋产业相关发明专利类型

发明专利内容较为丰富，如功能鞋类的发明专利有可拆卸的功能鞋、减压的功能鞋、自发热的功能鞋、抗菌除菌的功能鞋、防水防滑的功能鞋、环保的功能鞋等。发明专利中功能鞋的关键词如图 3－2 所示。

图 3-2　发明专利中功能鞋的关键词

发明专利中装备、功能鞋垫、功能鞋底、工艺方法和技术方法、新材料、功能部件的关键词如图 3-3~图 3-8 所示。

图 3-3　发明专利中装备的关键词

图 3-4　发明专利中功能鞋垫的关键词

图 3-5　发明专利中功能鞋底的关键词

图 3-6　发明专利中工艺方法和技术方法的关键词

图 3-7　发明专利中新材料的关键词

28

图 3-8　发明专利中功能部件的关键词

（二）实用新型专利

制鞋产业相关实用新型专利类型如图 3-9 所示。

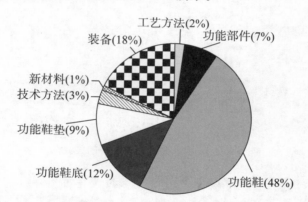

图 3-9　制鞋产业相关实用新型专利类型

实用新型专利中功能鞋、装备、功能鞋垫、功能鞋底、工艺方法和技术方法、新材料、功能部件的关键词如图 3-10～图 3-16 所示。

图 3-10　实用新型专利中功能鞋的关键词

图 3-11　实用新型专利中装备的关键词

图 3-12　实用新型专利中功能鞋垫的关键词

图 3—13　实用新型专利中功能鞋底的关键词

图 3—14　实用新型专利中工艺方法和技术方法的关键词

图 3—15　实用新型专利中新材料的关键词

图 3—16　实用新型专利中功能部件的关键词

二、2021 年度期刊收录制鞋产业相关论文分析

(一) 2021 年度中文核心期刊收录论文

以关键词"鞋"为主题在 CNKI 数据库中进行搜索，时间为 2021 年 1 月 1 日至 2021 年 12 月 31 日，结果显示有 716 篇中文论文和主题相关，其中有 41 篇为硕士或博士论文。

运用 Citespace 文献分析工具，得到如图 3—17 所示的关键词可视化图。由图可知，国内关于鞋类的研究热点主要有鞋垫、3D 打印、糖尿病足、扁平足、足底压力和矫形鞋垫。

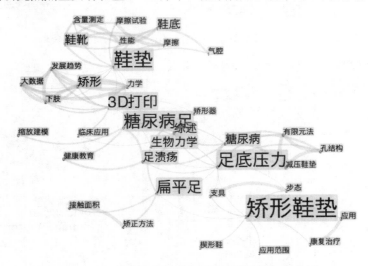

图 3—17　中文核心期刊收录论文关键词可视化图

(二) 2021 年度 Web of Science 收录论文

Web of Science 收录论文关键词可视化图如图 3—18 所示。由图可知，糖尿病足及相关属于一类，足矫正、足畸形也是研究热点，其次是鞋的舒适性、高跟鞋、鞋的定制

化等。在基础运动生物力学领域，肌肉活动、步态稳定性、步态、裸足等是研究热点。

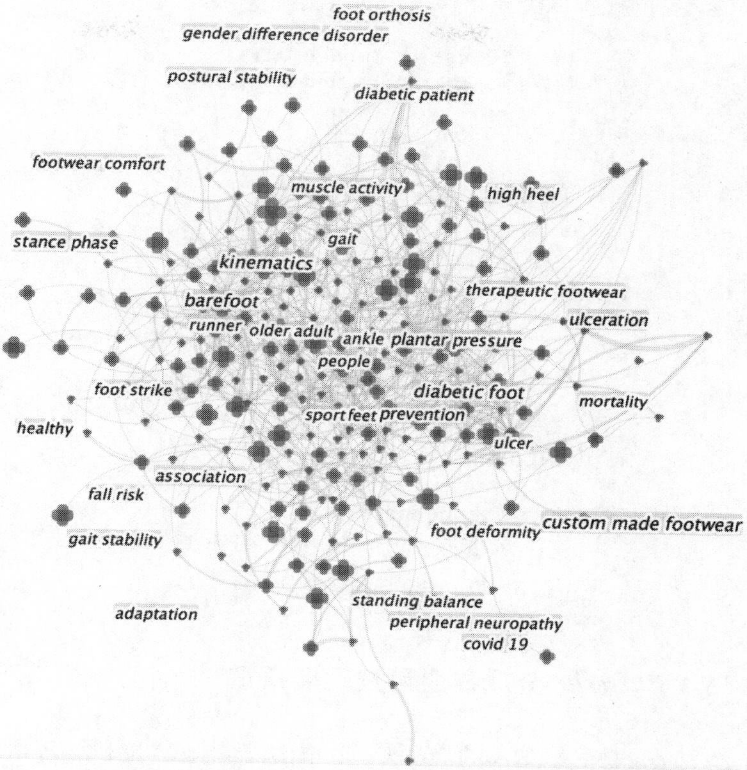

图 3－18　Web of Science 收录论文关键词可视化图

从研究类型可以看出，研究热点包括摩擦纳米发电技术、裸足跑步的生物力学、足部溃疡、高跟鞋等。研究类型的聚类分析可视化图如图 3－19 所示。

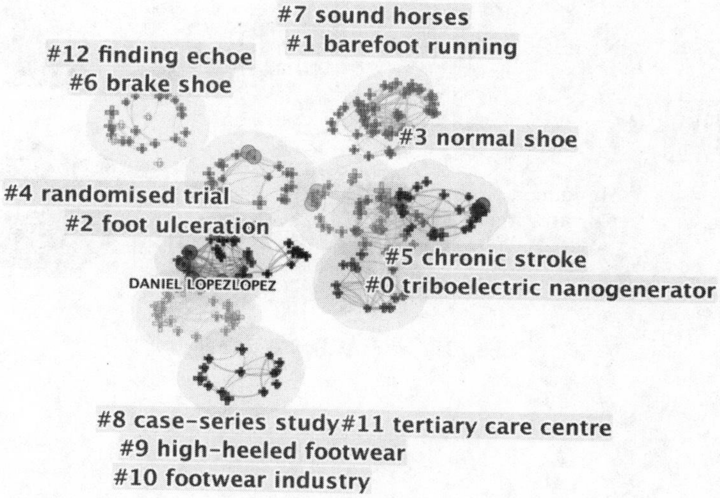

图 3－19　研究类型的聚类分析可视化

对于关键词的聚类分析（图3-20）可以得出，足底压力分布、姿态调整、踝关节疼痛、足部溃疡、鞋的评价、类风湿性关节炎等是研究热点。

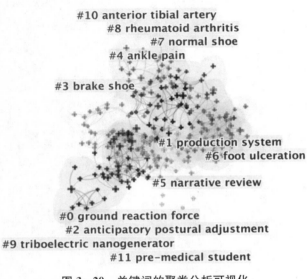

图3-20 关键词的聚类分析可视化

三、*SATRA Bulletin* 全球鞋业科技发展报道

SATRA Bulletin 是 SATRA 的会员专刊，围绕着鞋业科技和材料相关新闻发布文章。梳理 2021 年度 *SATRA Bulletin* 的报道，能够大致了解全球制鞋产业的科技发展情况，主要包括新产品面向特殊功能、环保和可持续应用、鞋内舒适性和新型材料、新技术和新装备四个方面。

图3-21 新产品面向特殊功能

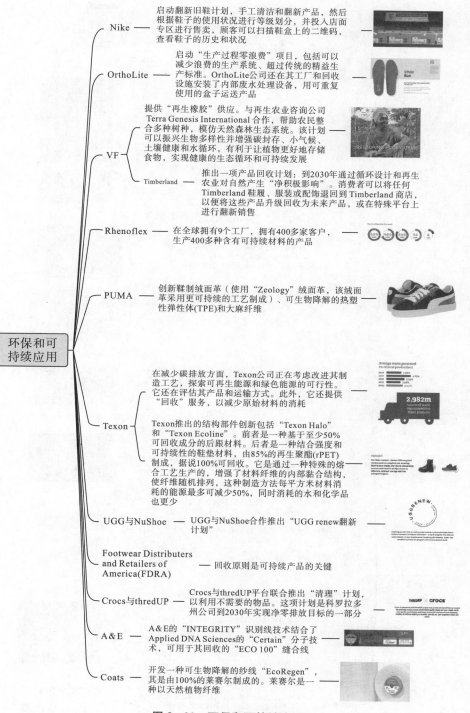

图3-22　环保和可持续应用

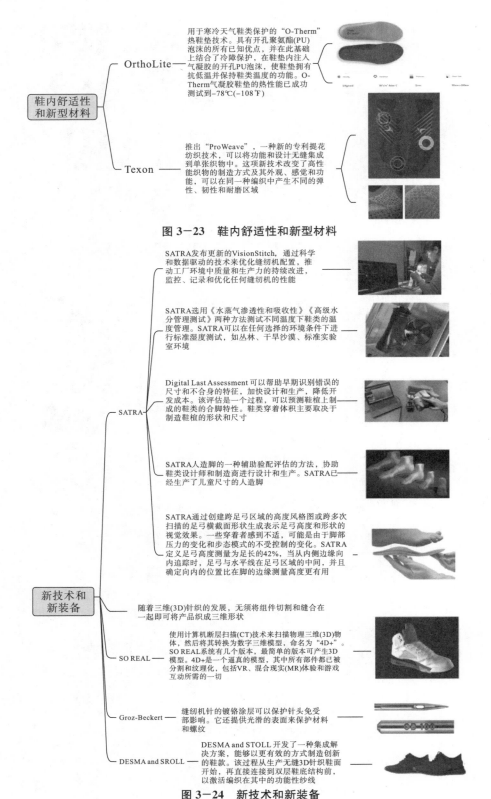

鞋内舒适性和新型材料

OrthoLite — 用于寒冷天气鞋类保护的"O-Therm"热鞋垫技术。具有开孔聚氨酯(PU)泡沫的所有已知优点，并在此基础上结合了冷障保护，在鞋垫内注入气凝胶的开孔PU泡沫，使鞋垫拥有抗低温并保持鞋类温度的功能。O-Therm气凝胶鞋垫的热性能已成功测试到-78℃(-108℉)

Texon — 推出"ProWeave"，一种新的专利提花纺织技术，可以将功能和设计无缝集成到单张织物中。这项新技术改变了高性能织物的制造方式及其外观、感觉和功能，可以在同一种编织中产生不同的弹性、韧性和耐磨区域

图3-23 鞋内舒适性和新型材料

新技术和新装备

SATRA
- SATRA发布更新的VisionStitch，通过科学和数据驱动的技术来优化缝纫机配置，推动工厂环境中质量和生产力的持续改进，监控、记录和优化任何缝纫机的性能
- SATRA选用《水蒸气渗透性和吸收性》《高级水分管理测试》两种方法测试不同温度下鞋类的温度管理。SATRA可以在任何选择的环境条件下进行标准湿度测试，如丛林、干旱沙漠、标准实验室环境
- Digital Last Assessment可以帮助早期识别错误的尺寸和不合身的特征，加快设计和生产，降低开发成本。该评估是一个过程，可以预测鞋楦上制成的鞋类的合脚特性。鞋类穿着体积主要取决于制造鞋楦的形状和尺寸
- SATRA人造脚的一种辅助验配评估的方法，协助鞋类设计师和制造商进行设计和生产。SATRA已经生产了儿童尺寸的人造脚
- SATRA通过创建跨足弓区域的高度风格图或跨多次扫描的足弓横截面形状生成表示足弓高度和形状的视觉效果。一些穿着者感到不适，可能是由于脚部压力的变化和步态模式的不受控制的变化。SATRA定义足弓高度测量为足长的42%，当从内侧边缘向内道踪时，足弓与水平线在足弓区域的中间，并且确定向内的位置比在脚的边缘测量高度更有用

随着三维(3D)针织的发展，无须将组件切割和缝合在一起即可将产品织成三维形状

SO REAL — 使用计算机断层扫描(CT)技术来扫描物理三维(3D)物体，然后将其转换为数字三维模型，命名为"4D+"。SO REAL系统有几个版本，最简单的版本可产生3D模型。4D+是一个逼真的模型，其中所有部件都已被分割和纹理化，包括VR、混合现实(MR)体验和游戏互动所需的一切

Groz-Beckert — 缝纫机针的镀铬涂层可以保护针头免受部影响。它还提供光滑的表面来保护材料和螺纹

DESMA and SROLL — DESMA and STOLL开发了一种集成解决方案，能够以更有效的方式制造创新的鞋款。该过程从生产无缝3D针织鞋面开始，再直接连接到双层鞋底结构前，以激活编织在其中的功能性纱线

图3-24 新技术和新装备

四、鞋类产品科技分析

（一）商务皮鞋

目前我国知名商务皮鞋品牌大多是在 20 世纪八九十年代成立的，如奥康、红蜻蜓、康奈、意尔康、百丽等。比国外知名商务皮鞋品牌的建立时间较晚，国内品牌早期以企业量产零售为主，随着消费者对产品品质和个性化需求的提升，制鞋企业开始了手工定制业务，借鉴意大利制鞋款式、工艺，逐步探索适合亚洲人脚型规律的楦型和结构。国内大多皮鞋品牌还处于发展转型阶段。

商务皮鞋是男鞋的一大品类，对于男士商务皮鞋的理解不应仅仅停留在传统的固特异皮鞋，越来越多的制鞋企业开始关注商务人士的具体需求及特点，开发出更多功能的鞋类产品。

常见商务皮鞋品牌及产品技术如下：

（1）Cole Haan。Cole Haan 于 1928 年在美国芝加哥成立，集品质、工艺和视觉为一体，坚持将手工、美学、工程学结合，为消费者带来舒适、优雅的鞋履。Cole Haan 的核心消费群体主要是 18~50 岁商务人士。Cole Haan 品牌 Logo、产品类型及风格如图 3-25 所示。

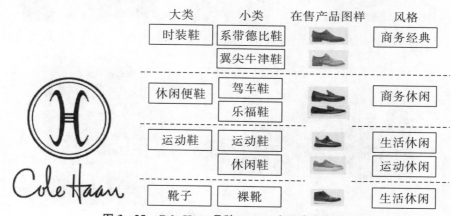

图 3-25　Cole Haan 品牌 Logo、产品类型及风格

Cole Haan 主要技术及产品（图 3-26）有以下几类：

①Øriginal Grand 系列。Øriginal Grand 系列采用轻量物料开发出 Grand. Øs 鞋垫，大大提升了皮鞋的舒适度度，还具有较好的减震效果，使穿着的人减少疲劳。

②Stitchlite。Stitchlite 针织鞋是在商务皮鞋的基础上增加休闲元素，采用针织鞋面、缓冲 GRAND FØAM 鞋垫、橡胶底，分区牵引，经久耐用，另外，通过使用温度调节材料和独特的通风设计保持穿着凉爽、干燥。

③ZERØGRAND 系列。ZERØGRAND 系列延续了 Øriginal Grand 系列的轻量（仅 290 克）特制，有独有的柔软性。ZERØGRAND 系列的弹性针织鞋面具有透气性。前脚区域的紧密编织有利于提升稳定性，优化鞋内部的空气流通性。鞋中部的网眼有利

于足部散发热量。ZERØGRAND 系列的鞋底设计灵活性高，穿着者长期站立或步行能够缓解疲劳。另外，ZERØGRAND 采用 Grand Fit Chassis，贴合脚型，均匀分布鞋底压力，提高防震性和舒适度。

(a) Øriginal Grand 系列

(b) Stitchlite

(c) ZERØGRAND 系列

图 3－26　Cole Haan 主要技术及产品

（2）Clarks。Clarks 于 1825 年在英国萨默赛特郡成立，有着优异的品质和专业的服务，注重将发明与工艺结合。Clarks 是英国最大的男鞋、女鞋和童鞋品牌之一。Clarks 在科技创新方面有着丰富的经验，在百年的发展中，坚持传承工艺，并结合多项专利技术，为消费者提供优质的穿着体验。Clarks 核心定位人群是 30～50 岁成功人士。

商务皮鞋的鞋面、鞋底和工艺技术介绍如下：

（1）鞋面。通常情况下，鞋面材料大多为皮革，根据不同的功能和工艺，皮革材料分为轻量化皮革、防水抗污皮革、无革鞣皮革等。

①轻量化皮革。轻量化皮革是在鞣制过程中添加发泡颗粒，使材料有一定程度的发泡并填充进入皮革纤维间隙，进一步增加了皮革的厚度，降低了皮革的单位重量。

②防水抗污皮革。防水抗污皮革有两种制作方法：一是对皮革涂层进行疏水处理；二是在鞣制过程中增加疏水基团，实现皮革整体的疏水性能。

③无革鞣皮革。随着无革鞣制技术的逐渐成熟，无革鞣皮革的性能越来越接近铬鞣皮革，具有较大的市场空间。以无革鞣皮革为代表的生态皮革通常指采用铬鞣剂以外的鞣制技术鞣制的皮革，且在鞣制过程中严格遵循化学品使用标准，成品中，游离甲醛含量≤20 mg/kg，VOC≤100 μg/g，总 Cr/Al/Zr≤50 mg/kg，Cr^{6+}≤3 mg/kg，耐光性达到 4 级以上。

（2）鞋底。商务男鞋的鞋底主要有橡胶大底、聚氨酯大底、TPU 大底、超临界发泡成型大底。商务皮鞋的鞋底结构需要重点实现缓冲、减震、防滑的功能，同时要兼具轻量化特点。所以具有缓冲减震作用的插件通常可以放置在鞋跟区域，实现物理缓冲。

①橡胶大底。橡胶大底由天然橡胶通过硫化方式制成，具有较好的耐磨性，是最常见的鞋底形式。但橡胶大底的密度较高，质量重。为了减轻质量，引进橡胶发泡技术，但会降低其耐磨性。为了解决这些不足，衍生出多密度橡胶发泡材料，即靠近最外层是高密度橡胶，向内层密度逐渐降低。高密度橡胶提供耐磨和防滑功能；低密度橡胶提供减震和轻量化功能。

②聚氨酯大底。聚氨酯大底具有轻量化、高回弹和耐磨性好的特点，但防滑性较差。因此，多密度且具有硬度梯度聚氨酯发泡鞋底成为未来聚氨酯大底的主要发展方向。

③TPU（热塑性聚氨酯弹性体）。TPU 进一步优化了聚氨酯材料族。爆米花发泡材料及技术获得广泛关注。爆米花发泡技术本质上是 TPU 颗粒化发泡技术，热塑性聚氨酯发泡珠粒（ETPU）经处理后能够膨胀 10 倍以上，形成内含微型密闭气泡的椭圆形非交联发泡颗粒组，形似爆米花。

④超临界发泡成型大底。超临界发泡成型大底是通过一种微孔发泡成型技术获得的微孔发泡鞋底，是一种物理发泡技术。微孔发泡成型技术能够有效节约原材料，减轻产品质量，且发泡剂成本低。超临制造设备工艺简单、绿色环保。

（3）工艺技术。制鞋传统工艺主要指线缝和冷粘工艺（图 3-27）。线缝鞋底的代表性工艺是固特异。固特异指鞋帮面和鞋底通过线缝的方式结合。冷粘工艺指将帮面和鞋底通过胶黏剂结合。另外，还有一种工艺为连帮注射，指将橡胶或聚氨酯材料用注射成型的方法与帮面结合，形成橡胶或聚氨酯鞋底。采用联帮注射的代表品牌是 ECCO。联帮注射由于具有较高的结合牢度、较好的材料性能，已经成为制作商务皮鞋的主流工艺。

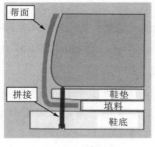

（a）线缝　　　　　　　　　　　　　（b）冷粘

图3－27　线缝和冷粘工艺

（二）运动鞋

1. 功能

专业运动鞋的常见分类及特点如下：足球鞋，鞋身较瘦，较合脚，鞋底有压模鞋钉和可转换鞋钉，以提供良好的抓地性，鞋头及鞋面车线明显，可防止变形且耐用；室内运动鞋，一般为高帮，量轻，鞋底纹不深的适合地毯上的运动，鞋底纹较深或呈多向性的适合木地板上的运动；户外鞋，一般为中帮，鞋底纹明显，强调抓地性；登山鞋，质量一般较重，鞋身坚固，韧性极佳，有非常好的保暖性。

2. 部件和材料

（1）帮面。运动鞋的常用面料有牛皮、人造革、网眼布、翻毛皮、莱卡弹性布料等。很多鞋面采用热塑性材料，能提供良好的支撑和保护功能。另外，帮面还会使用功能性材料，满足透气性、防水性、防风保暖性等。

（2）鞋底。鞋底一般分为大底、中底和内底。

①大底。大底材料一般是天然橡胶或人工合成橡胶。天然橡胶的优点就在于质地柔软、弹性极佳，适于各种运动，缺点是不耐磨，室内运动鞋多用天然橡胶。人工合成橡胶里又分为耐磨橡胶、环保橡胶、空气橡胶、黏性橡胶、硬质橡胶、加碳橡胶。耐磨橡胶任性极好且耐用，一般用于网球鞋、跑鞋等；环保橡胶含有最多10％的回收橡胶；空气橡胶将空气包裹住，时期有一定减震作用，但不耐磨；黏性橡胶柔韧性较好且防滑，一般用于室内运动鞋；硬质橡胶坚韧、防滑、耐磨，通常用于篮球鞋；加碳橡胶是在普通橡胶材料里添加碳元素，使胶更加坚韧、耐磨，大多在跑鞋中使用，如果在跑鞋鞋底后掌部分有字母"BRS"，表示大底使用了加碳橡胶。

②中底。最常见的中底材料有 Phylon、EVA 和聚氨酯（PU）。Phylon 轻便、弹性好，具有很好的缓冲性能，被称为二次发泡材料；EVA 为一次发泡材料，减震性和弹性都不如 Phylon，但造价相对较低；PU 材料的优势是回弹性和韧性较好。

（3）鞋垫。鞋垫是兼具功能性和舒适性的重要部件。功能性鞋垫类型举例如下：

①跑步鞋垫。跑步鞋垫呈船状流线型，前掌薄，后跟厚，整个鞋垫与足底贴合。鞋垫表面采用透气防滑处理，有良好的减震、支撑性能，不易变形。

②硅胶减震鞋垫。硅胶减震慢跑鞋垫的底部硅胶与发泡材料结合，大大降低了脚部着地时对膝盖的冲击力。鞋垫两侧具有防护结构，能给予足弓良好的支撑。鞋垫表层采用布面设计，兼具耐磨、透气两种性能。

③U型鞋垫。U型鞋垫能很好地稳定足跟，其特有的足弓托架能分散脚部压力，稳定脚踝。

④硅胶加厚鞋垫。鞋垫前掌大面积采用防滑圈，能增加运动时脚部与鞋垫之间的摩擦力。吸盘式设计使鞋垫弹力更强，并具有减震功能。鞋垫的纤维编织表层透气、吸汗，令脚部保持干爽。

⑤综合运动鞋垫。后跟和前掌分别嵌有缓震垫。后跟使用Poron垫，前掌使用ACF（泡沫类型）垫，在运动过程中能够有效减小冲击力，保护膝关节。

3．工艺技术

（1）3D打印技术。

随着3D打印技术日渐成熟，3D鞋底打印逐渐运用在各大运动品牌中，如Adidas、Under Armour、Nike等。3D打印的TPU鞋中底有很多优势，除具有缓震性和回弹性外，中空鞋底还提高了鞋的透气性，其镂空结构大大减轻了鞋子质量，通过外观结构的设计，实现了不同的软硬程度，提升了运动感受，满足了多元化的需求。

Adidas首次提出4D打印技术，第四个"D"即Data，也就是运动员数据。Adidas与Carbon联手研发出可编程的液态树脂材料，其可被紫外光固化，使用具备较强弹力支撑性的树脂和聚氨酯的聚合物在数字光投影、透氧光学技术作用下可以精确"打印"出复杂的网络结构，创造兼具实用与美观的鞋中底，如图3-28所示。

图3-28　Adidas 4D打印技术生产鞋中底

LuxCreo研发的Bisca360防水鞋（图3-29）的中底部分由LuxCreo的极速LEAP™ 3D打印技术制作，使用了具有超强弹性的光敏树脂材料。另外，Bisca360的鞋面和足底都使用了由SGS认证的纳米织布，不仅能够防风、防寒，而且具有动态防水性和耐用性。

图 3－29　Bisca360 防水鞋

（2）缓震技术。

Adidas_1（图 3－30）是一款电子缓震运动鞋，鞋内置了微型芯片，会根据压力传感器的负荷量反馈来计算每一步的减震力度并做出调整，记忆使用者的运动习惯，通过马达和缆线来自动调节或手动调节最适合使用者的减震程度。

图 3－30　Adidas_1 电子缓震运动鞋

Nike 生产新型 EVA 中底的 React 技术，本质仍是 EVA 发泡。React 技术生产的 Nike Epic React 运动鞋如图 3－31 所示。

图 3－31　Nike Epic React 运动鞋

Zoom X 的优势是在保证缓震与回弹的基础上能实现最大程度的轻。近几年马拉松赛事中，越来越多的选手选择搭载 Zoom X 科技的鞋款。Zoom X 科技在高价位运动鞋的市场空间越来越广阔。由 Zoom X 跑鞋的生产废料回收再利用制成的 Vista Grind 如图 3－32 所示。

图 3-32　用 Zoom X 材料生产的 Vista Grind

　　Nike 最早生产的气垫是 Air Sole，其在早期鞋款中很常见，如 AJ 1～AJ 11。Air Sole 放于 PG 4 的鞋垫与中底之间，虽对缓震性有一定提升，但其支撑性较弱。后来，Nike 推出了 Air Max 气垫，如 Air Max 270（半掌）与 Air Max 720（全掌），都采用了环形 Air Max 气垫。Air Max 气垫主要用于休闲跑鞋，但其穿着中也有支撑性和回弹性不足的问题。Air Max 720 全掌气垫如图 3-33 所示。

图 3-33　Air Max 720 全掌气垫

　　Zoom 的回弹特性来自其中的纤维板。纤维板的最大作用不是由压缩纤维提供回弹性，而是控制形变。由于 Zoom 过于轻薄，脚感略差，因此轻薄的 Zoom 更像系统的配件而不是主体，将其做厚之后，能使运动鞋外观更有科技感。Zoom 鞋款如图 3-34 所示。

图 3-34　Zoom 鞋款

4. 外观技术

　　运动鞋的核心在于鞋底和材料的研发，其次是鞋面材料、鞋带和配件。外观结构设计可以让消费者有最直观的感受，故也很重要。外观设计会因流行趋势、新兴科技、品牌文化而有不同的呈现，下面以一些常见运动鞋品牌的科技和设计属性为例进行说明。

　　Nike Air Zoom Tempo Next%（图 3-35）的中底前掌运用了回弹性较高的 Zoom 气垫，后跟由 Zoom X 泡棉组成，其中 Zoom X 泡棉由 Pebax 材料发泡而成。鞋子外观

与 Nike 的商标图案线条吻合，以绚丽活泼的色彩作为点缀，鞋底的廓形给人轻便且富有弹性的感受。另外，鞋子还配备了全掌一体式复合板，以增加韧性。

图 3—35　Nike Air Zoom Tempo Next%

Nike Adapt BB 2.0（图 3—36）的设计亮点在于可用手机控制完成系鞋带、调整鞋带松紧，以及控制鞋侧指示灯。

图 3—36　Nike Adapt BB 2.0

李宁跑鞋绝影（图 3—37）的中底材料被取名为"䨻"，与 Zoom X 是同一种制作工艺，中底的镂空由上、下层异构碳板实现，上层碳板做成一个向上的弧形。中底的镂空使碳板有形变空间，提高了回弹性，有效提升了穿着者的体验感。

图 3—37　李宁跑鞋绝影

Adidas Micro Bounce（图 3—38）采用最新的 Futurecraft 科技，鞋头延续至后跟的镂空 TPU 模块排列成"Θ"形，外观科技感很强。

图 3—38　Adidas Micro Bounce

安踏 NASA（图 3—39）造型科幻感十足，其设计灵感来自宇航服。安踏 NASA 编织鞋面加入了带有反光效果的银线，具有金属光泽；鞋面采用 BOA 系带系统，呈轮盘形状；中底布满孔洞，意指"虫洞"。编织材质有一定延展性，能够适应各种脚型，不同部位织法的变化是鞋子具有良好的支撑性、弹性、透气性。

图 3—39　安踏 NASA

（三）安全鞋、功能鞋

1. 功能科技

（1）安全防护鞋。

安全防护鞋是具有高技术含量和高附加值的鞋类产品。安全防护鞋的生产过程对原料、辅料、化料、机械设备等的要求较高。安全鞋是安全类鞋和防护类鞋的统称，一般指在不同工作场合穿用的具有保护脚部及腿部免受可预见的伤害的鞋类。不同的安全鞋适用范围不同，对安全鞋功能的要求也不同，其具体分类有保护脚趾安全鞋、防刺穿安全鞋、防砸安全鞋、防静电安全鞋、耐油安全鞋等。每种分类都要具体的行业标准和适用领域。

（2）功能鞋。

功能鞋指制造厂家在鞋类产品只用来保护脚的属性的基础上增加其他功能，包括增高、透气、抗菌等。常见的功能鞋主要分为户外鞋和机能鞋两类。

①户外鞋。从事不同类型户外运动的具有不同功能的鞋的总称。户外鞋可以分为五个系列：高山系列（也称重型登山靴）、低山系列（也称重型攀登鞋）、穿越系列（也称中型登山鞋）、徒步系列、健行系列。户外鞋需要具备以下技术特性。

支撑性。为了适应户外复杂地形，满足负重状态下登山或徒步需求，户外鞋必须有良好的支撑性。户外鞋的支撑性除与鞋面有关外，与鞋底结构也有直接关系。一双好的户外鞋，其鞋面部分通常采用紧缩设计，可以和脚可靠贴合，使穿着舒服，能较好地克服脚部向四周分散力量，支持脚部垂直受力，增强支撑力。

减震性。良好的减震性能有效地吸收人体的垂直压力，硬度强的大底还能抗击坚硬地面的冲击，使行走轻松。

防滑性。在户外严酷复杂的条件下，鞋子的防滑性极其重要，一双性能卓越的户外鞋必须有良好的防滑性，这样才能适应各种复杂地形。

防水性。如果鞋子防水性差，浸水后鞋体加重，若在严寒季节，还会使脚冻伤。许

多户外鞋都使用了 GORE-TEX 胶膜衬里，可以满足防水功能。

②机能鞋。根据人体力学而设计的，如针对婴幼儿的"脚步形状"和"行走方式"，为配合婴幼儿步行状态而开发的婴童机能鞋。婴童机能鞋具有固定和支撑脚踝、保护婴幼儿柔软足踝、减震防滑等功能。

2. 部件和材料

（1）鞋底。

机能鞋的鞋底具有特殊设计，如婴童机能鞋前段三分之一处的弧线弯槽设计，可以协助婴幼儿形成正确的走路姿势；沿着足弓的拱形断面进行鞋底弧线弯槽设计，可以引导婴幼儿将脚部重心由脚跟移至大脚趾，使沿着该断面的脚掌更容易弯曲，让婴幼儿学步更容易。

IFME 是兼具机能性与设计性的日本童鞋，注重在产品设计中加入保护婴幼儿脚部的科技。IFME 童鞋在大底前脚部位采用符合脚部弧度的曲线设计，横向、纵向具有各自独立的沟线设计，让婴幼儿的前脚掌部位活动自如。IFME 室内童鞋系列采用特殊加工的透气孔帮助婴幼儿脚部散热，保持穿鞋的舒适感。

（2）材料。

功能鞋类材料克服了传统鞋类材料性能的单一性，通过不同的材料提供不同的功能，是实现鞋类产品造型、结构及功能的基础。面材、里材和底材为主要材料，承担了更多的鞋类产品的功能任务。其他功能可通过辅料、配件实现。

功能鞋类材料往往在满足一般力学性能（拉伸强度、断裂伸长率、吸湿、透气、防滑、减震）的基础上，附加或特别突出强调某一方面的特性，例如，具备透气、吸汗功能的鞋垫或鞋里布，强调缓震性能的底材，强调防滑性能的橡胶鞋底，具有抗菌、防水功能的里材和面材，增加优良电学性能的电绝缘底材、导电底材或抗静电底材。

GORE-TEX 材料在宇航、军事及医疗等方面应用广泛，具有防水、透气和防风的功能，被一些著名品牌使用，制成各种鞋类及服饰。由 GORE-TEX 材料制成的鞋款如图 3-40 所示。

图 3-40　GORE-TEX 面料制作的鞋款

（3）中底。

TPU 鞋中底具有缓震、回弹、轻量、透气、助力等功能。发泡 TPU 鞋中底具有较低的模量、较高的能量效率和较低的动态压缩永久形变，高能量效率意味着高能量反馈，使穿着者跑步更加轻盈。张艳娜等研究了超轻发泡 TPU 颗粒的制备方法，考察了该材料在鞋类中的应用及性能。结果表明，利用超轻发泡 TPU 颗粒制成的鞋底密度为 0.25 g/cm^3，回弹性达到 61％，耐折 12 万次，裂口无增长，在 -20℃下，其柔韧性良好。相较于其他鞋类材料，超轻发泡 TPU 颗粒更轻便、回弹性更高、更耐磨。TPU 材料优异的弹性和低永久形变，有望代替 EVA 发泡材料应用于跑鞋和运动防护领域。

（4）大底。

以 Vibram 鞋底为例，介绍其部件及材料。

Vibram 是意大利著名橡胶生产厂商。Vibram 橡胶鞋底被广泛应用在高山攀登、户外运动、摩托车比赛、休闲和工业领域，Vibram 黄金八角标志（图 3－41）已成为高性能橡胶鞋底的象征。

图 3－41　Vibram 黄金八角标志

Vibram 利用不同的中底构造去优化足底压力分布，结合几何学原理和材料性质实现缓冲，例如，采用橡胶结合网眼结构以减轻鞋底重量；采用橡胶和 PU 材料，可以兼顾高强度和耐用性；采用 EVA 材料，可实现能量吸收与轻量化。如图 3－42 所示。

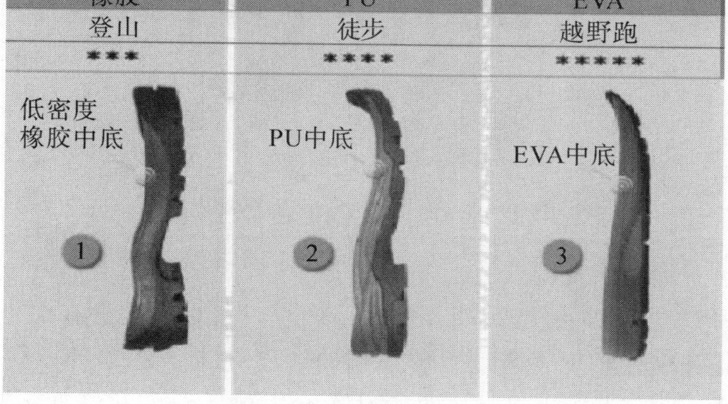

图 3－42　Vibram 中底材料

Vibram 鞋类产品的鞋底设计主要体现五个性能指标：摩擦力（采用高性能橡胶，

更大限度地接触地面)、抓地力(采用高性能橡胶,具有尖锐边缘齿纹设计、自清洁通道、高齿纹设计)、稳定性(采用高性能橡胶,具有大接触面齿纹设计、坚硬/半坚硬框架、加强侧边齿纹)、制动力(采用高性能橡胶,具有倒角式高齿纹后跟、尖锐边缘底纹设计、自然滚移式外底设计)、自清洁(具有开放式齿纹设计、泥块和雪块释放通道、排水微切口)(如图3-43所示)。

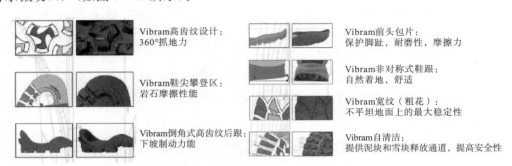

图3-43 Vibram鞋类产品的鞋底设计的性能指标

3. 工艺技术

德国HAIX狩猎高筒皮靴(图3-44)采用轻量的PU材质以及吸收冲击的楔形设计,符合人体工学,鞋底为橡胶/PU底,具有抗静电性、耐燃料油性,实现不留痕迹的鞋底(NON-MARKING)。

图3-44 德国HAIX狩猎高筒皮靴

德国HAIX狩猎高筒皮靴具有三项工艺技术:①HAIX R-Climate system(气候系统),在靴筒上方,气候系统含Micro-Dry内里,可以让空气在每一个步伐中循环,湿气会被释放出来,新鲜空气透过靴子顶端的透气孔进入。②HAIX R-AS-system(支撑吸震系统),具有支撑性与吸震性,从符合人体工学的角度加强脚跟与足弓的设计,在固定脚的同时提供支撑度,提高舒适度,并使运动时的脚趾空间宽敞。③密闭式鞋带系统,可减少上方皮革因直接日晒而产生的热效应,使脚更凉爽。

    LOWA 为世界公认的户外鞋类技术革新先锋，不断开发出如"C4 舒适系统""SPS 行走保护"等脚部舒适技术。SPS 行走保护技术（图 3-45）指鞋跟部有一个"U"形材料，当穿着者长距离行走时，这个结构能够对其脚后跟内侧进行有效支撑，防止扭伤。

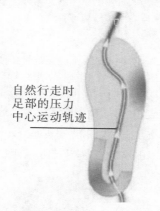

自然行走时足部的压力中心运动轨迹

图 3-45　LOWA SPS 行走保护技术

4. 外观技术

    功能鞋具有辅助或提升脚部运动的功能。在鞋类材料功能性选择和开发方面，应明确用户需求，充分保证鞋靴的基本功能和必要功能，提高辅助功能，去除与使用者需求无关、超过使用者需求的过剩功能，改进和提升不足功能。并且，鞋类外观也应基于功能做相应取舍。常见功能鞋外观如图 3-46 所示。

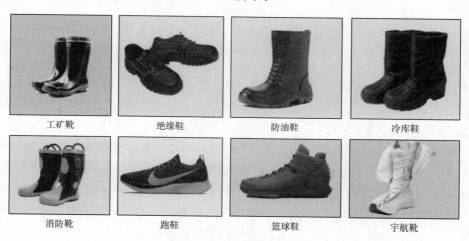

工矿靴　　　绝缘鞋　　　防油鞋　　　冷库鞋

消防靴　　　跑鞋　　　篮球鞋　　　宇航靴

图 3-46　常见功能鞋外观

    LOWA 的 AL 系列分为 AL 户外、AL 跑步、AL 旅行，全部使用 LOWA 大底，即一次性注塑成型，抓地性能较好，可以有效防滑。另外，都采用了外置骨架技术，如图 3-47 所示。外置骨架一般在脚掌多处有突起，增强了行走的稳定性，在控制脚步运动的同时，防止鞋子因穿着习惯产生变形。外置骨架往往在前、后都会做加厚处理，以加强对脚趾、足跟的保护。

图 3-47　LOWA 大底外置骨架技术

LOTTUSSE 的上边技术通过花样切割和贴边，用缝针穿上八股蜡线给洞封蜡，实现脚部防水。另外，在鞋底形成空腔对湿气进行隔离，通过软木颗粒作为填充物最大限度地提供缓冲能力。皮底采用手工特殊油蜡处理或 Gumflex 技术，以提供高耐磨度，增强柔软性。采用 Gumflex 技术的鞋款如图 3-48 所示。

图 3-48　采用 Gumflex 技术的鞋款

（四）童鞋

1. 童鞋市场的发展趋势

童鞋的适用人群是 0~12 岁的婴幼童，这个年龄阶段的孩子发育快、活泼好动、运动量大。在童鞋的设计与材料选择方面要讲究稳定、轻巧、舒适、柔软、透气，从而为婴幼童的脚部提供保护、支持、美观等功能。婴幼童用品中，鞋服产品除复购外，行业增量主要来源于新增出生人口。国家统计局 2019 年初发布的全国人口数据显示，2018 年 0~15 岁（含不满 16 周岁）人口数量接近 2.5 亿。而母婴市场总规模达到 320000 亿元，其中仅童装市场规模达到 1600 亿元。"80 后""90 后"父母是婴幼童产品的消费主力，其大多在购买时以产品品质为主，价格为次，甚至忽略价格。消费者对婴幼童产品的品质要求不断升级，产品设计、开发和运营变得越来越重要。

2. 童鞋对于婴幼童发育的影响

脚是人体的重要部位，参与人体的绝大多数生理活动。脚的发育情况与人的生活品质息息相关。婴幼童的脚部骨组织弹性大，容易发生形变；脚部表皮角质层薄，容易受到损伤并造成感染。童鞋的设计制作应该充分考虑婴幼童不同发育时期的生理特点，综合考量其功能性、舒适性和对脚部骨骼发育的适应性。

除了先天性足畸形，常见的脚部问题包括足弓发育异常与后天受损导致的足畸形。婴幼童在发育期间如果长期穿着过于柔软的鞋子，可能造成足弓发育不良。若童鞋材料使用较软，则无法为鞋子提供良好的支撑性；若童鞋结构设计不合理，也非常容易造成婴幼童足部受伤。

值得注意的是，许多家长选购童鞋时考虑到婴幼童发育较快，常选择大一号，但童鞋的合脚性关乎儿童脚部乃至身体健康。如果鞋子过大，会使婴幼童养成不良的走路姿势与习惯，还存在安全隐患（如摔倒）；如果鞋子过小，会对脚部产生一定挤压，婴幼童娇嫩的脚趾与鞋子不断摩擦，容易使指甲受伤，严重的会造成甲沟炎。

3. 童鞋关键技术

（1）儿童脚型的发育规律。

针对 1000 名 2~12 岁健康儿童脚型进行测量，随年龄增长，其静态脚长（FL）平均年增长量为 7.2 mm（$r=0.71$，静态脚长$=134.7+7.2\times age$，$p=0.000$）；静态脚宽（FW）平均每年增长为 2.6 mm（$r=0.65$，静态脚宽$=57.4+2.6\times age$，$p=0.000$）。静态脚型尺寸随年龄变化的趋势如图 3—49 所示。

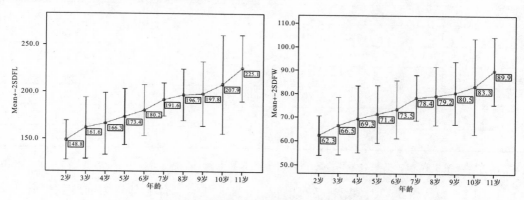

图 3—49 静态脚型尺寸随年龄的变化趋势

2~12 岁儿童脚长标准生长曲线如图 3—50 所示，儿童的脚长发育规律见表 3—7。

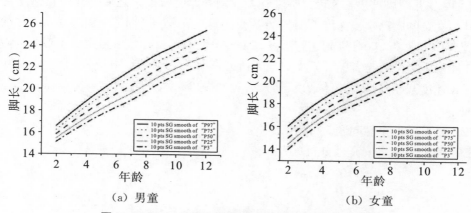

（a）男童　　　　　　　　　　（b）女童

图 3—50 2~12 岁儿童脚长标准生长曲线（平滑后）

表 3—7   儿童的脚长发育规律（单位：mm）

以 6 个月为单位间隔 *	平均增长值范围（性别）	增长值范围
1	6.7（女）/5.3（男）	6.8～4.7
2	6.2（女）/5.1（男）	6.2～4.5
3	5.7（女）/4.9（男）	5.8～4.3
4	5.3（女）/4.7（男）	5.4～4.1
5	4.8（女）/4.5（男）	5.2～3.9
6	4.3（女）/4.3（男）	5.0～3.6
7	3.5（女）/4.3（男）	5.0～3.4
8	3.5（女）/4.1（男）	4.7～3.3
9	3.6（女）/3.8（男）	4.5～3.1
10	3.7（女）/4.0（男）	4.6～3.3
11	3.9（女）/4.2（男）	4.5～3.2
12	4.0（女）/4.3（男）	4.4～3.6
13	4.4（女）/4.1（男）	4.6～3.7
14	4.1（女）/3.8（男）	4.5～3.6
15	4.1（女）/3.4（男）	4.4～3.2
16	3.7（女）/3.5（男）	4.0～3.3
17	3.5（女）/3.3（男）	3.8～3.0
18	3.3（女）/3.2（男）	3.6～2.7
19	3.1（女）/3.0（男）	3.5～2.4
20	2.9（女）/2.8（男）	3.5～2.1

注：*数字 1 代表 2 岁之后第 1 个 6 个月内的脚长增长情况。

由图 3—49、图 3—50、表 3—7 可以看出，脚型发育整体趋势均为前段脚长增长速度较大，中段脚长增长速度相对平缓，后端脚长增长速度再次增长到一定程度后开始回升。

2～12 岁儿童脚部生长速度最高峰在 2 岁刚开始的阶段，之后脚部生长速度逐渐降低，其中女童的脚部生长速度普遍较男童快。男童在第 9 个半年（6.5 岁）、女童在第 11 个半年（7.5 岁）时分别到达脚部发育中段速度最低点，之后男童与女童的平均脚部生长速度稳步提升，二者差异不大。当到达男童第 13 个半年（8.5 岁）、女童 9.0 岁后脚部增长速度开始降低。总体来说，男童、女童的脚部生长速度在各个年龄段都是交替变化的。

（2）童鞋的安全性问题。

2～6 岁儿童童鞋安全性分析见表 3—8。

表 3-8　2~6 岁儿童童鞋安全性分析

2~6 岁儿童鞋安全性 A																		
鞋的结构 B1								鞋的材料 B2						其他 B3				
楦型的结构 C1		鞋帮面的结构 C2		鞋底的结构 C3				材料强度 C4		材料卫生性 C5		材料环保无毒 C6		胶粘、缝线强度 C7		小部件的选择 C8		
鞋楦底样长 D1	鞋楦基本宽度 D2	系带式 D3	粘合扣式 D4	鞋底花纹 D5	鞋底材料 D6	鞋底硬度 D7	鞋底厚度 D8	鞋面材料 D9	包头材料 D10	抗菌防霉 D11	透水汽性 D12	胶水 D13	鞋面/里材料 D14	剥离强度 D16	帮面缝接强度 D17	材料 D18	附着强度 D19	数量 D20

童鞋部件安全性设计主要有以下几个方面：

①鞋楦。童鞋的鞋楦设计要考虑舒适度和安全性。一般情况下，儿童脚部到 15 岁才基本发育完全，从幼年到青少年，其脚部最易受到伤害。如果出现损伤或发育阻碍，则会造成不同程度的脚疾或脚部畸形，影响脚的支撑与平衡功能。因此，鞋楦需要在特定的足部位置提供足够的空间，同时在款式要求的前提下尽可能减少对足部的挤压。正确的后跟高和前跷是确保足部发育安全的重要参数。

②帮面。帮面设计决定外观呈现，不同年龄段的儿童对物体的感观不同，帮面设计在一定程度上会对儿童心理产生影响。另外，帮面是与脚部皮肤接触最多的部件，儿童脚部皮肤薄，易受外界伤害，如果设计过多的帮面分割，则其缝合的接茬可能会对儿童脚部造成一定的表皮损伤。如果后帮材料太软，则脚部无法获得相应的支撑，易引起踝关节及韧带损伤。帮面设计优良的童鞋能缓解脚部肌肉紧张，且不易变形。

③鞋底。儿童行走常常重心不稳定，且行走、跑动无规律，所以鞋底稳定性与防滑性十分重要。另外，鞋底还需要具备一定的缓震性。鞋底花纹直接影响防滑性，花纹多且深，则防滑性相对较好；鞋底材料会影响鞋的穿着寿命和防滑性；鞋底硬度会影响缓震性；鞋底厚度会影响前后跷高度，从而对儿童步态产生影响。

童鞋材料的安全性主要有以下几个方面：

①强度。只有在强度达标的情况下，童鞋的安全性才能得到保证。童鞋某些部位的强度要求大，例如，鞋头需要达到一定强度要求，避免脚尖受到损伤；后跟需要达到一定强度要求，以维持鞋的稳定性。

②卫生性。儿童活泼好动，平日运动量大，脚部会产生大量汗液。如果使脚部长期处于湿热环境，湿热的鞋内环境还可能发生真菌感染。所以，需要具有良好吸汗性、透气性的材料来维持鞋内干爽。

③环保。童鞋材料应是环保无害的，即不含偶氮、六价铬、游离甲醛、五氯苯酚、苯等有害物质。帮面、衬里、鞋底以及其他辅材均采用符合《儿童鞋安全技术规范》的

材料。

④胶黏、缝线强度。童鞋若在穿着过程中开胶、脱线，可能会给儿童造成伤害。胶黏剂的种类和黏胶方式需要满足一定要求，要尽可能避免跳线、浮线等缝合缺陷。

⑤小部件安全性。童鞋小部件安全性也很重要的一个方面。小部件脱落对于儿童有吞食的危险。小部件材料、数量、附着强度都应符合《儿童鞋安全技术规范》。

3. 童鞋整鞋设计关键点

（1）留足前尖放余量。整鞋前尖放余量需大于8%脚长，以确保儿童行走时脚尖有足够空间。

（2）适宜的宽度和拇指区域高度。适宜的宽度和拇趾区域高度能够控制脚在鞋内的运动，过宽的鞋腔会使脚容易往前移动，占据前尖放余量区域；过窄的鞋腔则无法穿着。另外，拇趾区域高度也应适宜。应保证童鞋穿着时，脚背、脚底和后跟均合脚，留有一定的扩展空间在脚尖区域。

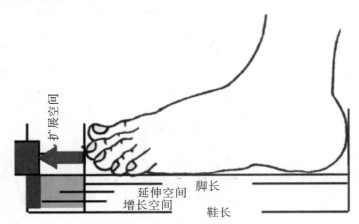

图3-51　童鞋空间设计

（3）多尺码的鞋号系统。我国童鞋类产品的每个尺码只对应一个型，型代表鞋的宽度。由于儿童脚型发育有差异，故单一尺码的宽度不能完全包含所有脚型尺寸。有条件的品牌可以参考德国WMS（Wide-Medium-Small）标准，即每一个尺码都有宽、中、小三种宽度可供选择。

（4）鞋底厚度合理。由如图3-52所示儿童步态图可知，弯折对于完成后跟离地和脚趾离地动作非常关键。较厚的鞋底会影响鞋的弯折，穿着者用更多的下肢肌肉参与行走活动，导致行走疲劳较早发生。因此，儿童鞋底厚度需合理，要保证在趾跖关节部位容易屈挠。

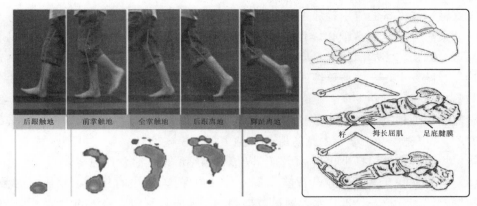

图 3-52　儿童步态图

（5）鞋底硬度合理。根据 QB/T 2880—2016，实心外底硬度应为 45～65 HA，实心发泡外底硬度应为 45～65 HA。根据检测机构数据，大部分外底硬度为 50～60 HA。过软的鞋底容易导致不正确步态和身体姿态。合理的鞋底硬度能够确保儿童在行走过程中较好地接受地面反作用力，调整步态和身体姿态。另外，一定的应力刺激，也能够促进下肢肌肉和骨骼的发育。对应英国 SATRA 标准中，推荐热塑性橡胶（TPR）硬度为 43～79 HA；柔性热塑性聚氨酯硬度为 56～86 HA。

五、可穿戴技术

可穿戴智能设备指用户可以穿戴在身上的设备，能够将跟踪睡眠、运动、定位的技术工具与社交媒体整合在一起。可穿戴智能设备有一定处理信息的能力，通常能和手机关联，实现交互功能。随着互联网技术和计算机标准化软硬件的高速发展，可穿戴技术以多种形态在医疗、军事、教育、娱乐等领域表现出很好的应用潜力和开发前景。目前，市面上已有以眼镜、手环、背包、鞋子为载体的智能设备，无缝融入用户的生活和运动中。

（一）可穿戴智能设备

可穿戴智能设备从功能应用角度一般分为两类：一是功能相对独立、全面，可以不依赖计算机或智能手机就能实现某个或多个功能的设备；二是只专注于一类应用功能，但需要计算机或智能手机终端配合使用的设备。目前，可穿戴智能设备以智能手表和智能手环为主，具有计时、提醒、显示、通话、无线数据收发、摄像、导航定位等基础功能，着重突出健身追踪、计步数、心率监测、睡眠监测等健康管理辅助功能。首饰型和服饰嵌入型是可穿戴智能设备的主要呈现形式。头戴式可穿戴智能设备主要是运用脑电波传感器，连接手机和电脑进行互动；服饰嵌入型可穿戴智能设备主要配合运动、安全防护等需求开发，重点在于将基于人体工学的设计与可穿戴技术结合，收集个体信息，从而提供良好的人机互动体验。

可穿戴智能设备的应用趋势主要有以下几个方面：

（1）聚焦健康。可穿戴智能设备的实时监测、环境感知、通信连接等功能已较成熟。如今，越来越多的消费者希望能够借助智能设备掌握自身健康状况，可穿戴智能设备的功能开始发生转变：从单纯的健身监测演变为关注用户健康状况，加强对慢性病的监测与管理，达到早期发现、及时干预的目的。2019 年国际消费类电子产品展览会上，与健康监测管理相关的参展商数量增加了 25％。可穿戴智能设备正在推进医疗健康模式的变革，"以健康为中心"的预防保健、健康管理模式已经兴起。可穿戴智能设备监测的指标将更丰富，包括生化指标、脏器功能、情绪心理、生活质量等。

（2）实时互联互通。可穿戴智能设备能与用户保持 24 小时接触，获取实时数据。利用数据挖掘、分析、处理技术，通过数据共享、云服务等构成完整的生态体系，最大限度地提升检测的可靠性。在向着人物相联与物物相联发展的趋势中，可穿戴智能设备的重要性不言而喻。

（3）大众化且有针对性。随着人们生活水平及对科学健康运动需求的不断提高，大众化成为可穿戴智能设备发展的重要方向。而盲目地将各种功能融入可穿戴智能设备，反而无法满足用户的特定需求。因此，可穿戴智能设备未来会出现更多针对某一特定领域的小而精的产品，从而满足不同用户的特定需求。

（4）可穿戴智能设备的外观设计更加契合用户审美及使用习惯。运动类可穿戴智能设备注重产品的可移动性和便捷性。移动平台与可穿戴智能设备相结合，实现人机信息交互。随着科学技术水平的提高，可穿戴智能设备将更加专业、便捷、精准。

针对运动的可穿戴智能设备会有以下发展趋势：第一，微型集成化，佩戴舒适且安全；第二，设备兼容性提升，云端互联更广泛；第三，产业链整合更加完善，需求对接更加精准；第四，以数据监管提高训练水平，科学制定标准。运动基础数据的提取一般基于特定项目，最简单的是对距离、速度、时间等变量进行综合分析。更深入地，采用人工神经网络技术对运动成绩进行预测和分析。随着现代科学技术的高速发展，GPS、加速度计、陀螺仪等设备采集得到的原始数据也能充分结合支持向量机（SVM）、聚类分析、深度神经网络（DNN）进行深入挖掘。目前常见的运动训练管理系统常包括人体姿态识别、数字健身系统、心率及压力检测等，主要"量化"运动状态，让使用者通过数据有针对性地调整训练。

运动类可穿戴智能设备主要有以下几种：①以普通健身需求和运动员的恢复训练为导向，产品简单轻便，具有一定交互功能，如运动手环、运动手表、计步器等；②以训练课监控需求为导向，设备专业属性强，可根据训练需要灵活调整采集指标和相关参数，设备佩戴安全性和舒适性高，如 GPS、加速度计、陀螺仪等；③以科学研究为导向，设备测量精度较高，但操作复杂，如气体代谢分析仪、血氧仪、生物传感器等。

针对医疗康复的可穿戴智能设备主要涉及健康监测、疾病治疗、远程康复领域，通常包括计步、生命体征监测、血糖监测、能量消耗及睡眠监测等基础功能；神经系统修复方面，可以提供步态报告；还可能包括跌倒预警功能。针对疾病治疗的可穿戴智能设备目前处于研究和评估阶段，如开发穿戴式骨骼康复辅具机器人、电脉冲刺激止痛、心脏病自动除颤仪等。针对远程康复的可穿戴智能设备正在逐步发展，VR 技术可以通过远程康复系统让患者在家进行系统性康复训练；远程监测系统和霍特尔技术结合，可全天对患者心率进行远程监测。

2019 年国际消费类电子产品展览会上的医疗类可穿戴智能设备：Chronalife 研发出一件可以预判心脏疾病的智能背心，能够实时测量心电图、腹式呼吸、胸部呼吸、肺阻抗等生理数据，结合机器学习技术，推算心脏病的可能发作时间。Withings 推出两款新型穿戴设备，即智能健康手表 Move ECG 和智能血压计 BPM Core。Move ECG 能够让消费者即时按需测量心电状况，搭配手机软件即可显示心电图信号，并将数据实时发送给医生；BPM Core 能够测量血压和心率，其外形与传统血压袖带类似，使用者只需将其放在上臂按下按钮，即可完成检查，对心房颤动和心脏瓣膜病早期筛查和检测起到辅助作用。

Hobert、Mortaza 等将定量测量方法与传感技术和软件通信技术结合，制作出可进行步态和平衡性测评的可穿戴智能设备，通过不同的测量参数提供更敏感的生物反馈，有效改善步伐紊乱，帮助训练，可以有效预防老年人跌倒。

（二）可穿戴技术的发展

目前，市场上基于可穿戴技术的智能鞋类产品和相关研究并不多，可以从服装领域相关研究获得一些思路。可以从运动和医疗的角度去探索可能用于智能鞋的可穿戴技术。

传统的功能性服装不仅要美观保暖，还要专门针对某些特定需求、职业要求和工作环境。材料研究和开发为主要发展方向，研发针对某些功能的封闭式配件系统。随着互联网技术的发展，智能纤维材料的应用范围拓宽，结合互联网和大数据，改变了传统服装仅用于穿着的属性，转变为可穿戴智能设备平台或载体。

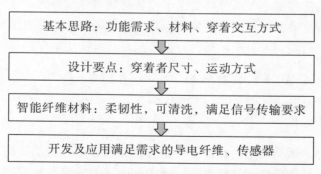

图 3-53 基于可穿戴技术的功能性服装设计思路

基于可穿戴技术的功能性服装的主要部分如下：

（1）传感器。常用 MEMS 传感器，具有尺寸小的天然优势，其体积能达到毫米级。

（2）电池。电池多采用质量轻、形状和尺寸多变的锂聚合物电池，但其续航短、制作成本高等，这些不足制约了可穿戴智能设备的发展。为克服传统电池不能弯曲的刚性特征，柔性电池开始被开发和利用。目前，主要采用碳纳米管、石墨烯、导电聚合物、碳纸/碳纤维布和导电纸/导电纤维制作柔性电极，使用传统液态和柔性固态电解质，通

过打印、喷涂、沉积、层压、纺织等工艺开发可变形柔性电池。

（3）能量收集装置：用于服装的能量收集装置中，最为常见的两种储能模式是染料敏化太阳能电池（Fiber－shaped Dye－sensitized Solar Cell，F－DSSC）和摩擦纳米发电机（Fiber－shaped Triboelectric Nanogenerators，F－TENG），它们都可以方便地嵌入纺织品中。其中，F－DSSC 可以将太阳能转化为电能，F－TENG 可将佩戴者运动的动能存储并转化。

基于可穿戴技术的智能鞋目前仍处于探索阶段，产业环境和消费者习惯还在逐步形成。随着《中国制造 2025》的发布，智能制造转型将进一步扩大智能鞋的规模，传统制鞋企业将部分力量转型研发智能鞋。智能鞋的功能随着 VR 技术、无线通信技术的发展变得更加丰富，智能鞋领域布局将成为新的物联网突破口。基于可穿戴技术的智能鞋的研发除人机工学、生物力学等理论外，还要对应用场景和新材料进行重点挖掘。

（三）可穿戴技术存在的问题

用户缺乏刚需。目前可穿戴智能设备的普及率不高，基本趋于饱和。这主要是因为可穿戴智能设备的定位无法完全区别于智能手机或者不能脱离智能手机而发挥作用。因此近几年来，部分可穿戴智能设备企业开始专注于运动、健康领域，舍弃不实用的功能，使产品的定位更加精准。

隐私安全问题。可穿戴智能设备几乎时刻收集用户数据，如身份信息、行为习惯、地理位置、健康状况、消费偏好等，隐私安全问题不可忽视。因此，可穿戴智能设备涉及的隐私安全问题需要相关政策法规的约束和完善。

缺乏科学的个性化指导。大多数可穿戴智能设备仅对数据进行采集，经过简单处理得出常规信息，但很少能提供针对不同人群的科学合理的个性化指导。

续航问题。电池容量是大部分移动电子设备必须考量的参数，这对于体积较小的可穿戴智能设备尤为重要。以智能手表为例，为了追求轻薄，产品电池容量基本为几百毫安，设备电池常常需要一天一充，甚至一天多充，造成使用不便。

（四）基于可穿戴技术的智能鞋

1. 智能发热技术

Digitsole 专门为运动员用户设计了一款智能发热鞋垫，鞋垫温度可通过手机控制。鞋垫还能跟踪记录行走步数和消耗水平。Digitsole 智能发热鞋垫的发热效果十分显著，最高温度可达 45℃，平均加热时间为 3 min，可以保温约 6 h。Digitsole 智能发热鞋垫控制界面如图 3－54 所示。

图 3-54　Digitsole 智能发热鞋垫控制界面

2．GPS 技术

GPS 技术也被用于智能鞋的开发。Aetrex 研发了一款具有 GPS 功能的 Navistar 定位鞋，可以对用户进行实时定位。Navistar 定位鞋的内置 GPS 系统如图 3-55 所示。

图 3-55　Navistar 定位鞋的内置 GPS 系统

3．交互技术

社交媒体成为年轻人日常生活不可缺少的一部分，人们越来越习惯数字化生活。Nike 技术营销战略的三大主线是可穿戴技术、社交、大数据，"Nike+"利用交互技术，以"数据+社交"的方式鼓励用户投入运动。

（周晋、侯科宇、李晶晶、鲁倩）

第四章　中国鞋服消费者的画像

普华永道、摩根史丹利、瑞士信贷、埃森哲、麦肯锡以及中国纺织业联合会上海办事处和东华大学均进行了终端消费情况抽样调查。

一、我国消费者的整体特征

埃森哲指出，我国消费者比以往更注重可持续性，做出更加环保的选择。77%的我国受访者表示，环境保护成为更加重要的议题。尽管消费者仍然考量价格、质量和便利，但可持续性在消费者购买决策中的重要性提升。同时，消费者在服装及配饰领域更容易接受"惊喜"订阅，即专家挑选消费者可能喜欢的商品并按固定的时间送达。

瑞士信贷认为，可持续性是关键主题，它在消费文化中越来越重要。如果可持续的消费选择需要溢价，甚至有部分消费者愿意支付。

我国本土的"去品牌化"电商购物平台崛起，备受新中产阶层消费者的青睐，他们从追求品牌转变为追求品位。生活用品消费，追求有设计感、有品质、高性价比的商品；日常穿着消费，追求舒适即可，不过度关注品牌。"去品牌化"其实并非不关注品牌，新中产阶层消费者喜爱的是这些"去品牌化"所体现的品牌价值观。

普华永道和麦肯锡一致认为，数字化消费趋势已经形成，且不会发生逆转。普华永道指出，近几年消费者的行为发生了根本性和长期性的转变。从2020年10月首次调研到2021年3月第二次市场调研，我国消费者在选择消费渠道时比其他国家消费者更倾向于网店与实体店相结合的模式。另外，我国消费者工作和休闲方式的机动性更强，对国产品牌的接受度提高，并逐渐意识到自己的消费行为会对社会和环境产生潜在影响。

零售店转型注重提供"融合"的体验式消费场景。"宅经济"使网上购物和数字赋能业务快速增长。我国数字化发展程度领先，且注重不同品类的实体购物模式，两者共同推进了"线上、线下融合"的消费模式。

普华永道指出，现在的大众消费呈现线上、线下融合的新形式，能提供一体化、无缝衔接的全渠道购物体验。实体店不会消失，并与电子商务和移动电子商务共同发展。

麦肯锡指出，现在的大众消费有以下四个趋势：第一，线下购物正在缓慢恢复；第二，渠道向线上及线下便利店和药店转移；第三，消费者对健康和健身的重视程度会持续；第四，线下消费的忠诚度受到冲击。因此，为了适应消费者数字化趋势，相关企业必须开展更为广泛的数字化转型。

终端消费情况抽样调查报告指出，网购已经成为目前消费者最主要的购物渠道，

48.95%的受访者表示，其购买服装主要通过网购。在高收入群体中，选择网购的比例首次超过了服装品牌专卖店，老年人网购的比例也在逐年增加。消费者购买服装的频率和产品价格变化不大，购买频率每月一次的比例为38.33%。随着人们生活水平的提高，服装定制模式越来越被大众接受。在针对影响购买服装首要因素的调查中，服装款式对于购买行为的影响占53.38%、价格占32.28%、品牌占11.18%。在对品牌的认可度调查中上，国内品牌得到了大部分消费者的认可，有77.64%的受访者表示认可。

二、我国消费者的发展特征

在过去5年时间里，20～35岁的年轻消费者一直是消费增长的主力，到2030年，35～44岁和55岁以上人口增长更快，其收入也呈现类似的增长趋势。摩根史丹利指出，到2030年，家庭人均收入将翻一番，购买力将由35～44岁及55岁以上年龄段人群主导，消费将从以年轻消费者需求为中心转向以家庭和退休服务为主导，这种趋势可能会持续数年。

未来中国消费市场的一个关键特征是服务消费。到2030年，服务在私人消费中的占比将从今天的45%上升到52%，服务的复合年增长率为9.2%，超过商品消费的6.7%。根据马斯洛需求层次理论，随着可支配收入增加，消费者的喜好将逐渐从满足基本需求转变为满足心理需求，这表明随着收入增长，服务消费的占比将增大。

三、鞋类产品消费者画像

（一）童鞋类消费者

根据2021年母婴市场研报，整理关于母婴产品消费者画像如下：

Talking Data指出，高线级城市（一线城市和新一线城市）与低线级城市中，主流母婴产品消费者年龄为30～34岁及25～29岁；家庭年收入分布在7万元内和7万～15万元两个区间集中，高线级城市收入在15万元以上人群要多于低线级城市（图4-1）。

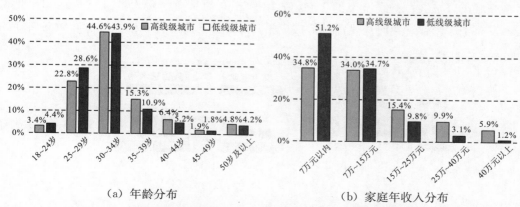

（a）年龄分布　　　　　（b）家庭年收入分布

图4-1　不同线级城市母婴产品消费者年龄分布及其家庭年收入分布

Talking Data 还显示，母婴产品消费者对产品的安全性、舒适性和材质十分关注，其次是耐用性、功能性、品牌口碑和品牌知名度，如图 4-2（a）所示。另外，比达咨询指出，2021 年影响母婴产品消费者选购产品的主要因素分别为口碑、质量、价格、功能、品牌等，如图 4-2（b）所示。

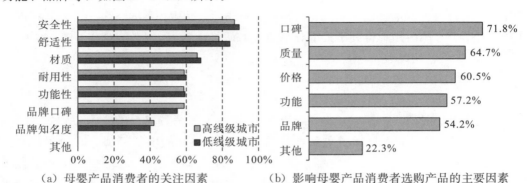

（a）母婴产品消费者的关注因素　　（b）影响母婴产品消费者选购产品的主要因素

图 4-2　影响母婴产品消费者的因素

尼尔森与宝宝树联合发布的《2021 母婴行业洞察报告》显示，在消费态度方面，母婴家庭喜欢尝试新事物，乐于分享，更加注重品质，重视家庭。在产品品质方面，对于产品健康属性和质量的关注度要高于价格，且比较关注品牌口碑。

对于童鞋消费者，比达咨询指出，作为消费主力的新时代人群，有 56.5％较关注这一类产品。尼尔森与宝宝树联合发布的《2021 母婴行业洞察报告》显示，未来一段时间内，有 38％的家庭有意向采购童鞋童装类产品。

（二）时尚鞋类消费者

1. 时尚类产品消费者画像

2020 年，中国服装协会联合太平鸟共同成立了"中国当代青年时尚研究中心"，该中心聚焦青年时尚生活方式与消费趋势，孵化时尚创意、时尚设计、时尚品牌，赋能我国时尚服装行业向年轻化转型。2021 年，该中心与《青年志》通过对我国一线城市、新一线城市以及二、三线城市的 1000 位 18～35 岁的时尚消费人群进行定性和定量调研，发布了《当代青年时尚生活趋势白皮书》。图 4-3 为时尚人群和流行方向的划分。

图 4-3　时尚人群和流行方向的划分

根据《当代青年时尚生活趋势白皮书》的分类，进一步提炼出关于时尚鞋类消费者画像，如图4-4所示。

图4-4 当代时尚青年画像

（三）专业运动鞋类消费者

2014年10月20日，国务院出台《关于加快发展体育产业促进体育消费的若干意见》（以下简称《意见》）。《意见》指出，到2025年，基本建立布局合理、功能完善、门类齐全的体育产业体系，体育产品和服务更加丰富，市场机制不断完善，消费需求愈加旺盛，对其他产业带动作用明显提升，体育产业总规模超过5万亿元，成为推动经济社会持续发展的重要力量。

复盘国内运动鞋服行业的发展如下：①受益于2008年北京奥运会，运动鞋服国内市场高速成长。②后续增速放缓，并于2012—2013年出现因前期过度扩张产生行业收缩。③2015年以来处于快速增长阶段。2015—2019年国内市场规模复合年均增长率超过13%。根据彭博数据库，2022年国内运动鞋服市场规模达3500亿元左右，过去几年增速达双位数，明显高于鞋服行业平均增速。运动鞋服市场的快速发展主要有以下几个方面的原因：

运动鞋服的渗透率提升。运动鞋服的渗透率指某地区运动鞋服市场规模占服装市场整体规模的比例，运动鞋服的渗透率提升使运动鞋服市场快速增长。

参加运动的人数逐年增加。国家国民体质监测中心发布的《2020年全民健身活动状况调查公报》显示，全国经常参加体育锻炼的人数及占比均逐年提升，2020年占比

为 37.2%（口径为含儿童青少年，比 2014 年增加了 3.3 个百分点，比 2007 年增加了 9.0 个百分点）。城乡居民参加体育锻炼的人数仍有差距，但较之前有明显缩小，2020 年城镇居民和乡村居民中经常参加体育锻炼的人数占比分别为 40.1% 和 32.7%，乡村居民参加体育锻炼的人数提升更加明显。2020 年成年人和老年人的人均体育消费分别为 1758.2 元和 1092.2 元。

运动鞋服使用场景延伸，市场规模扩大迎来机遇。运动鞋服成为日常穿着的选择之一，这一品类开始从"运动专用"向"运动休闲"过渡，则消费者对其消费需求和频次会有明显提升。iiMedia Research 数据显示，超 50% 的消费者表示在日常生活中更青睐穿着运动鞋服，并且约 40% 的消费者习惯在换季时购买运动鞋服。

运动休闲风格引领行业风潮。在全民运动趋势下，运动休闲风格受到年轻消费者的大力追捧。以 FILA 为例，其产品定位为集运动、时尚、休闲于一体，通过弱化运动功能、强化营销宣传等方式成功转型，销售业务 2010—2020 年增速达 56%。

运动鞋服品类功能细分。更多的运动消费者开始关注产品性能的专业性。过去许多消费者往往一衣多穿、一鞋多用，而现在越来越多的消费者对于运动安全性及产品专业性的重视程度逐渐提高。以马拉松专业跑鞋为例，其鞋底夹层嵌入了不同材质的硬板，以改善脚底反馈，增强包裹性，减轻跑鞋重量，提高穿着者的运动表现。对于优质的专业产品，越来越多的消费者愿意支付对应的较高价格。

女性消费力量在运动鞋服领域占比扩大。随着收入水平与受教育水平的提高，越来越多的女性开始关注健身运动领域。以 Nike 为例，过去五年 Nike 女子产品整体增长速度高于男子产品，年收入增长率达到 20%，高于整体男子产品增长率（11%）。安踏的 5 年发展规划提出开发女子专属商品，要在女性消费者中形成安踏品牌的记忆点。

国货消费热情高涨。国潮元素成已为很多品牌的重要发力点，将中国元素融入设计，以国潮引领时尚。例如，李宁品牌以"中国元素"为出发点，推动"运动潮流"的发展。

从 Adidas 与 Nike 的发展历史来看，我们认为：①产品技术是品牌的核心优势，持续的高研发投入能够推动形成强有力的产品竞争力。②对产品结构进行细分，为品牌的持续发展不断提供新思路。③品牌方应紧跟时尚趋势，能及时做合理的营销策略。④提升运营质量，重视直营及电商渠，积极推动数字化转型，提升消费者体验。

（四）"Z 世代"消费者

"Z 世代"通常指 1995—2009 年出生的人群，是新时代人群。2021 年，我国"Z 世代"人群超 2.6 亿，呈现出强劲的消费力。"Z 世代"是伴随着移动互联网、动漫等成长的一代，他们的信息是随时随地碎片化呈指数级增长的。"Z 世代"的消费习惯更加自主，更加个性化。

"Z 世代"给各行业的发展都带来了一定挑战。尤其是对时尚行业，流行元素时常稍纵即逝，且未必符合"Z 世代"消费者的真正需求。品牌需意识到，潮流更迭的本质在于年轻消费者的时尚观念和需求正在发生变化。埋头干活的时代已经过去，要时刻了解"Z 世代"消费者的需求和潮流新趋势，时尚品牌才能前置创新，把握商业机遇。

　　"Z世代"受教育程度总体较高，他们通过消费来满足高层次需求，爱好广泛，圈层内社交属性强烈，消费水平高。"Z世代"在消费时更加注重商品的实际价值，易产生情感消费，其更注重追随圈层内推崇的品牌，也易成为营销活动中的传播者。

（周晋、李晶晶）

鞋业科技

第二部分从生物力学技术、结构和功能设计技术、流行元素的量化分析技术、数字化设计技术、鞋用新材料及功能材料、制鞋产业信息化、智能制造技术、新零售技术、个性化定制技术、交互技术及绿色制造全面解读制鞋技术水平和发展趋势。其中，生物力学技术、结构和功能设计技术、鞋用新材料及功能材料涉及做好一双鞋所需基本要素；新零售技术、交互技术围绕营销提供思路和方法；数字化设计技术、制鞋产业信息化技术、智能制造技术、个性化定制技术深入制鞋产业从研发设计到生产制造的数字化转型全过程；绿色制造为制鞋产业可持续发展提供思路。

第五章 生物力学技术

一、生物力学技术现状

生物力学是研究力与生物体运动、生理、病理之间关系的科学。人体运动是自然界最复杂的现象之一，因此需要使用生物学和力学的基本理论和分析方法来探索人体的运动规律，使复杂的人体运动建立在最基本的生物学和力学规律之上。在生物力学的研究中，主要包含五个方面的内容，即静力学（static）、运动学（kinematics）、动力学（kinetics）、肌电过程（electromyography）和形态学（demographic）。

（一）静力学

静力学主要研究物体平衡状态时的受力条件，如人体静止站立时足底受地面的反作用力等。

（二）运动学

运动学主要研究物体的运动，而不考虑产生运动的原因，即作用在物体上的力。它涉及对运动时间和空间参数的研究（temporal-spatial parameter），如某一时刻身体各部位所在位置的坐标、角度等（图5-1）。人体步态周期（下肢的站立阶段和摆动阶段）、步态尺寸（步长、步宽、步频等）等研究都属于运动学。步态是研究人在地面的运动，包括婴幼儿时期的爬行、正常行走、慢跑、快跑、跳跃和滑行等。步态分析（图5-2）是指对人体脚部运动状态、相关运动特点、运动路径及其数学和力学模型的研究。行走被认为是一个周期循环的过程，向前行走是通过不断向前重复踏步来实现的。

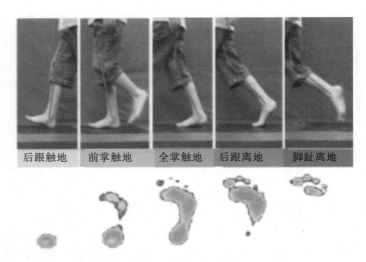

| 后跟触地 | 前掌触地 | 全掌触地 | 后跟离地 | 脚趾离地 |

图 5-1　儿童正常行走时下肢运动的情况及其足底压力分布

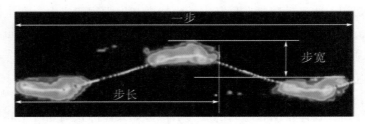

图 5-2　步态分析

（三）动力学

　　动力学研究物体运动与作用于物体的力之间的关系，如人体肌肉收缩的力、行走中地面对脚部的反作用力，以及关节的动量、扭矩、动能等如何引起人体和各组成部分的运动。通过动力学分析，可以得到人体各肢体位移随时间变化的数据，包括各关节部位的角度和尺寸的动态数据。如果再通过足底压力测试设备获取足部动力学数据，则能计算出足底所受压力，以及相关关节部位（如脚踝、膝关节和髋关节）等所受的力。

　　从方向来看，力可以分为垂直作用力和剪切力，垂直作用力通常指足底压力。足底压力包括压力参数（force related parameters）、时间参数（temporal parameters）、压力中心运动轨迹（center of pressure）。压力参数包括压力峰值（Peak pressure）、冲量（Pressure-time integral）、接触面积（Contact area），时间参数包括开始时间、结束时间，压力中心运动轨迹主要对 x 轴和 y 轴的偏移距离、运动速度和运动总距离进行评价。基于三个参数对脚部运动进行系统研究，能够明确脚部所受地面反作用力的大小、方向及其对脚部运动的影响等，从而深入了解脚部结构和功能的发育特点。

（四）肌电过程

肌电过程是研究物体生物电信号的产生、传导及其力学效应，如受肌电刺激后，肌细胞做出相应收缩和舒展运动，从而产生肌肉运动。

（五）形态学

形态学是生物力学的重要组成部分，也是生物力学研究的重要前提和基础。生物力学要对生物体及其组成部分进行研究，若不首先描述研究对象的形态和结构，则是无法进行的。足部形态学指脚部的形态尺寸、角度和比例。足部形态学包括二维数据和三维数据。二维数据有长度、宽度、角度，三维数据有围度。脚型尺寸可分为动态脚型尺寸和静态脚型尺寸。静态脚型尺寸是最常用的，即受试者静止站立时的脚部尺寸信息；动态脚型尺寸指运动状态下的脚部尺寸信息。

二、生物力学分析技术

（一）脚型扫描技术

脚型扫描技术指运用脚部测试设备对脚部数据（如尺寸和围度）等进行扫描测量，这对鞋类设计及人体脚部发育研究十分重要。目前，脚型扫描技术主要有手工测量法、印泥法、光学扫描法和三维扫描法等，如图5-3所示。其中，手工测量法和印泥法均为手工测量技术。手工测量技术简单易行，但易受测试人员经验和水平、测试工具的影响，故其误差率范围很难控制。机器测量技术统一了标准（如同一台机器、相同测试环境等），主要存在机器误差，这种方法在目前应用较广。

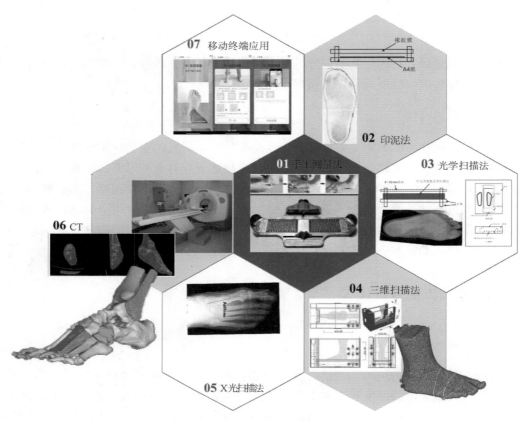

图 5-3　脚型扫描技术

（二）足底压力测试技术

研究下肢动力学能够为下肢运动疾病诊断及治疗提供理论依据，如假肢设计、矫形器设计、肢体康复等。下肢动力学测试技术经历了足印技术、足底压力扫描技术、测力板与测力台技术、压力鞋与鞋垫技术。Footscan 测力系统、Emed 测力板和 Pedar 测力鞋垫、Podomed 足底压力分析系统的应用最广泛（图 5-4）。足底压力测试系统的核心指标是时空分辨率、采样频率、准确性、灵敏性和校准标准等，高效性、可移动性也有一定影响。Podomed 足底压力分析系统传感器的密度为 4 个/cm²，采集频率最高为 250 Hz。Pedar 测力鞋垫的单只鞋垫传感器密度为 2 个/cm²，测试范围为 1~60 N，无线采集频率最高为 100 Hz。

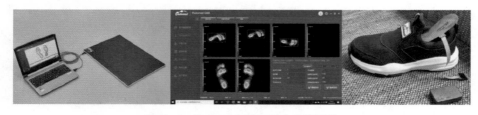

图 5-4　Podomed 足底压力分析系统

（三）运动姿态分析技术

20世纪80年代，测量人体运动参数一般采用高速电影摄影机拍摄，再对影片进行数字化分析。这是一种非接触式测量，不会影响人体的正常运动，其结果能够较真实地反映运动情况。但这种方法需要时间较长，且会消耗大量胶片。随着科学技术的发展，运动姿态分析技术也发生了极大变化，从早期的利用发光灯泡记录关节角度变化，到利用数字检影技术测量步态参数，再到利用自动跟踪系统对人体数据进行采集和分析。下面以Coda Motion三维动作捕捉系统为例，介绍自动跟踪系统的测量方法。

受试者的步态时空参数通过Coda Motion三维动作捕捉系统（图5-5）采集。测试前，使用Helen-Hayes标记法对受试者关键部位点进行标记。对于儿童，由于标记点直接粘贴在皮肤上，可能会影响行走的舒适性，从而影响采集结果的准确性，因此，儿童受试者需穿着紧身测试服进行测试。采集过程在一条长约6 m的跑道完成，两台Coda采集器呈160°分别放置于受试者的左右两侧，以保证最佳采集面积。

图5-5　Coda Motion三维动作捕捉系统

为了解各关键部位和关节之间的时空参数和运动学参数，首先要获得各关键点的空间位置。人体活动是一个相互联系的变化过程，通常使用欧拉角来表示各关键点的空间位置。对欧拉角进行计算前，要先构建各部位的平面，建立 $X-Y-Z$ 坐标系，定义 α 围绕 Z 轴旋转、γ 围绕 Y 轴旋转、β 围绕 X 轴旋转，并规定欧拉角坐标系的顺序为 $Z-X-Y$。由于组成人体各关节平面的点并非都能通过实际点的标定获得，因此，有时需要制作虚拟点（coda virtual marker），如图5-6所示。

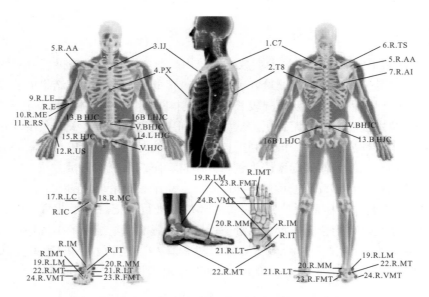

图 5-6　各标记点（红色）及虚拟点（黄色）位置示意图

（四）有限元分析技术

1. 有限元仿真技术的背景

人体的运动是在神经系统、肌肉系统和骨骼系统的协调下完成的。研究运动生物力学理论的关键是建立人体运动的力学模型，用这些模型来探究运动。目前主要集中于以下两类方法的研究：

（1）人体系统仿真。这种方法的代表是南非力学家 Hazte，他用弹性肌元、容元、阻尼器、内能源等力学"元件"模拟神经、肌肉系统运动，用力学结构中的多刚体铰接系统模拟整个人体系统。因此，人体运动过程都可用力学模型和数学解析式来表示。应用这类方法研究人体运动十分严谨，突出了人体运动的规律，具有重大理论价值，其缺点是过于繁琐，分析解决具体问题的难度较大。

（2）应用多刚体系统动力学理论建立力学模型。这种方法能避免对人体系统运动的复杂模拟，其代表为美国力学家 Kane，他将人体视作有限刚体铰接组成的多刚体系统，以其中主刚体的 6 个位置坐标为人体系统的外坐标，表示其余各刚体相对主刚体位置（即人体姿态）的坐标为内坐标，内坐标受神经肌肉系统控制。内坐标可根据实测数据用相近的解析式描述，相当于运动的几何约束或微分约束。外坐标遵循牛顿运动定律，运动生物力学问题就可转化为带各种约束条件（完整约束和非完整约束）的多刚体系统动力学问题。

脚部是所有下肢运动的支点和人体承重点，是人体力学系统的基石，发挥着承受身体重量、缓冲地面反作用力、吸收运动震荡等重要作用。在不同载荷和运动状态下，脚部各部分间的应力和应变都会发生改变。全面了解正常和非正常脚部在不同载荷下的应力分布，可为研究足部生理学和病理学提供有用信息。足踝受力后，应力和应变的计算涉及非线性计算问题，若用理论分析方法求解，难度极大。现代力学实验方法可以实现足底表面压力分布的测量和数据采集；通过有限元模型研究，能够实现足内部应力分析，特别是得到脚部结构在连续步态中不同阶段的应力状态。因此，提出合理的足部生物力学模型进行计算分析，成为足部生物力学研究的关键。

在足部生物力学模型研究初期，关注重点局限于脚部的数学模型：对脚部骨骼的解剖结构进行数学描述，计算和分析脚部的作用力。Arangio 等通过模拟脚部结构，假设跟骨、距骨、舟骨、立方骨和楔状骨为刚性体，支撑点为 5 个跖骨前端和跟骨块状体，分析了足底腱膜的作用、跖骨的变形以及关节的弯曲。他把应力分布与脚部生理状态联系起来，可以对临床治疗效果做出预测。Arangio 也明确了韧带和肌腱对吸收冲击波的作用，提出一个从解剖学角度看来十分精确的模型，考虑脚部所有骨骼，计算关节的偏转及韧带和肌腱的伸长，并利用这一模型检验关于脚部吸收冲击波的假设，即当脚部变形时，控制韧带和肌腱的伸长所吸收的大部分冲击时损失的动能。Hoy 等试图通过对人体下肢的建模来研究运动过程中肌腱的功能和肌肉的协调性。这一模型的突出特点是考虑了下肢关节的转动角度和肌腱力的影响，在一定程度上减小了对肌腱功能认识的误差。值得注意的是，Mizrahi 等在模拟脚部突发内翻时，提出用一个准线性二阶欠阻尼系统模拟距下关节的想法，并依据这一模型得到合理结果。

随着计算机技术和有限元理论的不断发展，人们开始大量使用数值模型和有限元法分析复杂结构。有限元法用于足部生物力学的分析与研究，可有效了解不同载荷下脚部结构之间应力和应变的变化情况。近几年出现了大量有限元分析软件包（如 ANSYS、ABAQUS、Patran/Nastran 等），这为生物力学研究人员方便、经济地进行足部生物力学建模和计算创造了条件。目前，有限元法已被用于站立状态下足部生物力学研究、不同高度足弓的生物力学研究、后跟脂肪垫的生物力学分析、外翻足力学特点的研究、高跟鞋对足部生物力学影响的分析等方面。通过建立足部有限元模型，对脚部结构间的应力和应变情况进行研究，为进一步了解脚部各组成部分的功能、治疗和矫正脚部疾病、研究运动损伤的成因和康复、开发和研制康复机械及特殊功能鞋提供了较为有效的手段。

2. 足部有限元建模方法

足部有限元建模方法分为直接法和间接法。

直接法是直接根据医学影像图构建有限元模型。该方法需要对医学图像进行手动标记描点，以获取脚部的三维坐标数据，再将这些坐标输入有限元分析软件中进行建模和网格划分。直接法构建的有限元模型简单易学，但由于需要手动标记来生成坐标，工作量大，误差也较大。

间接法又称为自动网格化法，是利用专业的辅助软件将扫描得到的医学图像逆向生成足部模型，再对其进行网格划分形成有限元模型。这种方法需要专业的三维逆向软件对医学图像数据进行重建，生成模型后再输入有限元分析软件中进行网格划分，形成有限元模型。间接法构建的有限元模型更加精确，有利于在科学研究中获得更加真实的数据。

目前用于三维重建的软件有 MATLAB、Geomagic Studio、Mimics 等。MATLAB 得到的模型精度高，建模速度快，但要运用高级矩阵语言，非计算机专业的人员掌握起来有一定难度。Geomagic Studio 可以由扫描的点云图直接生成较完美的实体模型和网格模型，且能直接生成 NURBS 曲面。Mimics 是一种专业的医学逆向三维重建软件，能够导入 CT 扫描获得的 DICOM 格式图片，利用阈值设置对骨骼、软组织进行三维重建。其能直接生成并输出 STL 格式的网格化模型。另外，Mimics 自带的 FEA 模块能将网格模型进行优化和简化，以得到合理的模型，便于后期分析。由 Mimics 得到的人体骨骼和软组织三维有限元模型误差小，有良好的仿真效果，所以 Mimics 被广泛地应用于医学研究。

3. 足部有限元建模技术

足部有限元建模技术主要有 MRI 成像技术和 CT 成像技术。

MRI 成像技术即核磁共振成像技术，具有高组织对比分辨率、高解析度，对人体无电离辐射，能够不改变受试者扫面体位而做出横状面、矢状面、冠状面、斜状面四种断层图像。CT 扫描图像的软组织分辨率高。MRI 成像技术的高分辨率成像主要针对软组织，其对骨骼的分辨率不如 CT 成像技术。此外，MRI 成像技术的扫描层厚和扫描间距还不够精细，这会影响三维重建图像的准确性和清晰度。

CT 成像技术即 X 射线计算机断层成像技术，是根据不同密度来确定电信号的强度而获得图像。随着医学成像技术的发展和存储图像格式软件的开发，CT 成像技术获得的图像可以 DICOM（Digital Imaging and Communications in Medicine）格式存储，计算机可以直接读取数据。CT 成像技术可以清晰地显示骨骼与软组织之间的边缘轮廓，可以通过 Mimics 等医学逆向三维重建软件获得清晰的骨骼，但对其软组织的识别较为模糊，无法准确地获取肌肉、足底筋膜、韧带、软骨等组织的几何形态。虽然 CT 成像技术存在一定缺点，但高精确度和方便快捷的特点，使其成为目前被广泛使用的足部有限元分析建模技术。

要构建骨骼的有限元模型，首先从医学图像中提取骨骼边缘轮廓数据，并在提取过程中予以区分。提取骨骼边缘轮廓数据通常有自动分割和手动分割两种方法。通过提取骨骼边缘轮廓数据并进行人工修改，可获得足部骨骼的三维渲染模型，其较真实地反映了足部骨骼的几何构型，并作为建立三维模型的参考。可以直接利用 CAE 软件将足部骨骼三维渲染模型生成有限元模型；也可以先用三维软件生成足部骨骼实体模型，再转换到 CAE 环境中构建足部骨骼有限元模型。

足部关节是人体站立、行走、跑跳的重要功能部位。足部有限元模型必须包含关节有限元模型。由于关节的连接非常复杂，因此计算量巨大。一般来讲，对软组织材料类型的划分将直接影响有限元分析结果。根据人体组织材料特性的研究，足部骨骼可看作线弹性材料，骨单元一般采用六面体块单元或楔形单元；具有弹性的韧带和足底肌腱则被认为是非线性材料（伸长时有一定刚度，压缩时没有刚度），可以划分为簧单元。

生物力学技术是研究脚部的基础技术和主要工具，可以从宏观和微观角度分析脚部构成及其运动机制，从而设计出符合人体运动特点的鞋类产品。未来，生物力学技术将用于产品评测，特别是可以应用有限元分析技术不开展实际测试的前提下，评价鞋类合脚性、安全性，对为脚部病变、损伤人群提供的治疗和矫正手段进行安全性评价。将有限元分析技术用于特殊人群足部生物力学分析，可为矫形鞋及辅具设计起到指导作用。

　　有限元分析技术还可用于分析鞋用材料性质，如功能鞋垫材料的弹性、耐磨性、记忆性、减压效果。另外，可在鞋底设计阶段利用有限元分析技术进行优化，构建相关模型并进行分析。在设计阶段利用有限元分析技术对产品进行模拟测试，并指导修正设计，可缩短鞋类产品及其辅具的设计周期，大大提升市场竞争力。

（周晋、张伟娟、杨磊）

第六章 结构和功能设计技术

一、结构和功能设计技术现状

鞋的结构和功能是鞋类产品设计的核心，也是鞋业核心竞争力之一。结构和功能是鞋的主要技术性表达，结构指鞋具有的部件及部件的组装，如款式结构、鞋底结构、跟结构等；功能指鞋能够发挥的与安全性、舒适度相关的性能，如防滑、减震、抗菌等。鞋类结构和功能设计技术主要有以下几个方面。

（一）鞋楦技术

鞋楦是鞋成型的基础模型，影响鞋的造型、合脚性和安全性。在静止和运动状态下，脚部的形状、尺寸、应力变化不同，加之鞋的类型、样式、工艺、材料性能、穿着环境和功能需求不同，鞋楦造型和尺寸会不同，因此，鞋楦是实现鞋类产品美观度、舒适性、安全性的基本保证。

人们对鞋楦的研究较多集中于尺寸，鞋楦尺寸数据较多，研究手段、方法较为局限，对鞋楦的舒适度进行系统研究以及运用生物力学方法对鞋楦与脚的关系进行深入分析较为鲜见。

人体脚部是一个复杂的运动系统，是由肌肉和骨骼组成的特殊结构，是具有一定尺寸的柔性结构。脚部和鞋不是简单的适配关系，而是相互适应和变化的复杂关系。鞋楦可使脚与鞋的关系转换成脚与鞋楦的关系。脚与鞋楦都是三维结构，两者关系是多维度的，包括结构、尺寸、形状等。

（二）帮面技术

帮面是鞋的重要组成部分，是款式的主要表达元素，是影响鞋类产品舒适度的重要因素。帮面结构和功能与产品生产和质量关系紧密。目前对于帮面的认识多停留在款式和工艺方面，对于定型处理、加强处理、成本最优和生产效率等方面的研究仍以经验为主，缺少数据支撑。帮面技术体系如图6-1所示。

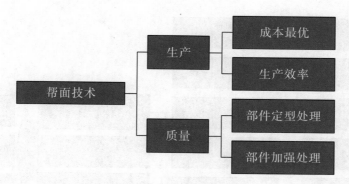

图6-1 帮面技术体系

（三）鞋底技术

鞋底结构和功能对于鞋产品十分重要。在行走过程中，足底与地面通过鞋底建立作用力与反作用力的关系，鞋底就是实现缓冲和减震作用的主要结构。随着使用场景发生改变，鞋类产品逐步衍生出了轻量化、高回弹、减震、防水、透气、保温等功能。

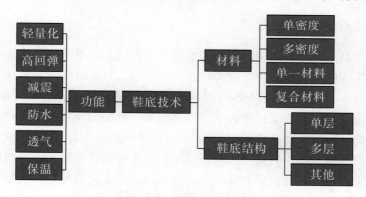

图6-2 鞋底技术体系

（四）鞋垫技术

站立、行走、跑步、跳跃时，脚部作用十分突出。脚部不仅需要鞋类进行保护和辅助，而且需要鞋垫及其他脚部护具来满足一些特殊需求，如矫形、防护、护理等。环境、遗传、疾病等多方面因素使一些人的脚部出现病症，加之人们生活水平不断提高，大众对鞋类产品的要求越来越高。因此，各类功能鞋垫及脚部护具应运而生。

鞋垫已不再是普通的软垫，其通常具有矫形、吸震、抗菌等功能。国内除对鞋垫的文化内涵进行升华外，也对其功能进行开发。国外研究人员对鞋垫的材料和结构进行研究，对鞋垫的应用场景进行细分，如糖尿病、足弓塌陷人群等。通常情况下，鞋垫的分类如图6-3所示。

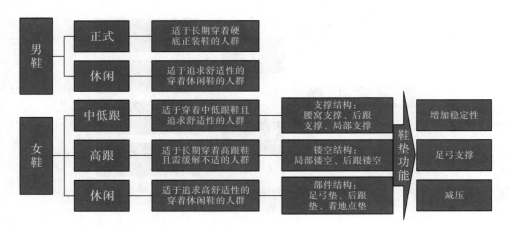

图 6-3　鞋垫技术

二、标准化技术

（一）标准化的量化过程

标准化技术是实现鞋类结构和功能的重要手段。建立标准化指标体系是实施标准的基础。标准化指标应具有全面性、价值性、可论证性、可设计性、可量化、可评价性。

（1）全面性。产品标准化指标应全面考虑产品的结构关系、信息关系、软件关系、技术关系、状态关系等。标准化指标应用得越全面，产品的发展和可得利益就越大。

（2）价值性。在产品标准化指标的选取上，要突出指标对产品使用的意义，无价值或价值不明显的指标，不作为标准化指标提出。考虑标准化指标价值性的同时，还应考虑经济性。对于成本高，而使用和保障的价值不高的标准化指标，不应纳入标准化指标体系。

（3）可论证性。产品标准化指标的提出是要可落实的，落实的前提是要可论证。可论证性是保证标准化指标能够明确地提出来，有可明确表达的内容，最好是有数据关系。可论证性还体现在订购方和承制方对标准化指标的理解是否达成一致。

（4）可设计性。标准化指标在产品设计时应可表达成产品的结构关系、技术关系和状态关系的，其实现情况应是可检查、测试和评价的。不可设计的标准化指标无法落实到产品上。

（5）可量化。产品标准化指标应可用数字度量或对比检查，以判断产指标实现程度，避免标准化内容落空。

（6）可评价性。产品标准化指标在设计定型、生产定型或使用阶段可进行检查考核和定量评价，少部分指标可对比评价，评价方式应是技术性和客观性的。

鞋的标准化体系由鞋楦、中底、大底、帮面结构、工艺五个指标组成，见表6-1。

表 6-1　鞋的标准化体系

序号	指标类别	指标名称
1	鞋楦	鞋楦底样
		鞋楦底弧
		鞋楦底样凹凸度
		鞋楦后身
		鞋楦材料
		鞋楦加工精度
2	中底	中底底样
		中底底弧
		中底上插结构
		中底下插结构
		中底钩心位置
		中底质量要求
		中底材料
3	大底	大底底样
		大底侧墙
		大底粘合面
		大底材料
		大底质量要求
4	帮面结构	帮面尺寸
		帮面材料
		帮面质量要求
5	工艺	面部工艺
		底部工艺

标准化的流程由 6 个主要方面构成，如图 6-4 所示。

图 6-4　标准化的流程

（二）鞋类标准化的展望

标准化的本质作用是规范行为，统一技术语言，设立技术指标的底线和相关范围。标准应该是制造业的顶层设计。在鞋类制造过程中，有许多非标因素（如时尚因素、流行因素、安全因素）导致鞋类产品难以实现标准化。另外，不同国家对于鞋类产品标准化的侧重点不同。欧美国家侧重产品体系标准，注重涉及安全的因素，如建立 REACH

（Registration，Evaluation and Authorization of Chemicals）法规。我国侧重产品质量标准，主要围绕鞋类产品的部件及其使用制定规范和指标。鞋类标准化的发展趋势主要有以下三个方面：

（1）激发企业创新标准化模式。标准的使用主体是研发、设计和生产制造单位，在实际执行过程中，受限于标准制定的周期性，及时反馈标准诉求比较困难。因此，需要企业充分发挥主观能动性，基于工艺流程、原材料等制定企业标准。企业标准是构建行业标准的基础，特别是产品质量标准。

（2）整鞋技术标准成为重点。从消费者角度出发，着重评价鞋的整体，而非单个部件。针对鞋的不同部件都已经建立了完整的测试标准，但整鞋评价标准的实际操作较为复杂。因此，逐步建立整鞋技术标准将成为发展重点。

（3）标准更加聚焦安全。标准更加关注产品的安全性，如有毒有害等限制性物质管控指标等。整鞋的安全性如防滑性、扭转性、耐用性等指标规范和要求将更加细化，需要系统考量。如防滑性涉及鞋类产品的结构、鞋底纹路、材料等。这些指标需要经过长期研究和实践，从而有效引导鞋类企业安全生产。

三、舒适度评价技术

（一）舒适度的定义

舒适度是合脚性匹配程度、鞋的湿热管理能力、缓冲/支撑性能、鞋材料和工艺等因素的客户体验净效应。

（二）影响舒适度的因素

影响舒适度的因素主要有以下四点：

（1）期望因素。对舒适的期望决定了舒适度的评价模式和容忍限度。期望反映了消费者对于鞋类产品舒适度的预期，如运动鞋，穿着者对其舒适度期望较高，对高跟鞋等时装类型鞋类产品，则舒适度期望较低。因此，评价舒适度需针对穿着者的期望设定明确区间。

（2）价格因素。价格是影响消费者预期的另一个重要因素。高价位产品能够带给穿着者较高的心理期望，而低价位的产品或许穿着者则无高的特殊需求。因此，评价鞋类产品的舒适度，应将价格因素纳入权重进行考量。

（3）客户体验。客户体验是所有材料结合起来的净效应，集合了具体鞋类的结构和制作方法。因而，客户体验是一个较为笼统的、宏观的评价。

（4）用户状态。用户状态，如年龄阶段是一个影响舒适性的潜在因素。从童年到青春期到成年，脚型有明显的变化；但在晚年变化更大，尤其是 60 岁之后的人群。此外，脚的形状和尺寸也会因为其它原因变化，包括肥胖、疾病引起的水肿、脚伤。如怀孕期间，50%～75%的女性将经历增加半个鞋码或者更多的过程；初期糖尿病患者脚和皮肤会失去敏感性，穿着不合脚的鞋子或者粗糙衬里材料和接缝的鞋子极易受伤。

（三）鞋类产品舒适度评价的基本模型

鞋类产品舒适度评价的基本模型包括合脚性因素、鞋楦因素、结构因素三个关键点，还包括鞋底因素、帮面因素、材料和组件因素、制鞋工艺因素。舒适度评价的影响因素如图6-5所示。

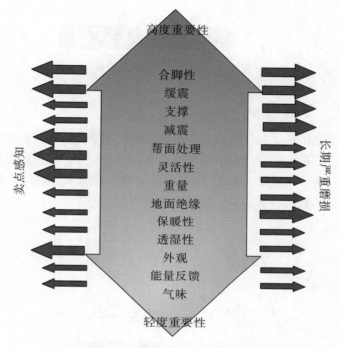

图6-5　舒适度评价的影响因素

1. 合脚性因素

舒适度的首要要求是合脚（图6-6），即鞋类产品尺寸能够最好地容纳脚的形状和大小。合脚性能最直观地体现舒适度，主要参数有脚长、关节和脚背围度、脚跟和关节宽度、脚趾位置和高度等。

经验丰富的评价人员可以通过测量穿着者的脚部前端部位进行检测。根据鞋类产品风格的不同，合脚性的其他检测项目还包括后帮和前帮高度、紧固系统的有效作用、接缝位置和关节弯折部位的褶皱。

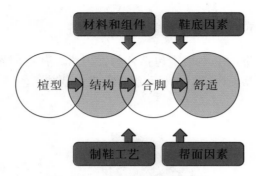

图 6-6　合脚性因素的重要性

2. 鞋楦因素

与合脚性评价紧密相关的是鞋楦。鞋楦是制鞋的重要模具，数据来源于脚型，是脚型的具体表现形式。鞋楦既与脚部结构相关，又有一定特征，鞋楦和脚型在长度、宽度和围度等方面都存在一定差异，如图 6-7 所示。鞋楦的两大特点为：源于脚型，不同于脚型；具有规范的数据标准，是工业设计的产物。

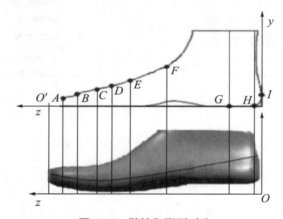

图 6-7　鞋楦和脚型对比

鞋楦设计中的数据性和美学性是两个矛盾的存在。数据性需要鞋楦尽可能符合脚型结构，但脚型是不规则的结构，如果鞋楦完全符合脚型，则失去了美观性。然而，随着社会的多元化发展，出现了一些鞋类产品打破了传统的数据性和美学性的矛盾，如五趾鞋，其外形基本符合脚型结构，且抓地好、平衡控制能力强。鞋楦的美学性是指符合大众风格和审美，例如高跟鞋的尺寸设计通常是围度小于脚型。然而，鞋楦与脚型结构差距过大，会导致脚部健康和安全问题。

3. 结构因素

根据制作工艺（如平楦/黏合大底、绷楦/直接模具制作的鞋底、沿条法缝制底等）及材料和配件的不同，同样的鞋楦可以满足不同合脚性要求。因此，产品结构因素也能影响舒适度。

（四）SATRA 舒适度评价系统

SATRA 建立了一个较为系统的舒适度评价系统，将直接或间接影响舒适度评价的因素（合脚性、缓震、支撑、减震、帮面处理、灵活性、重量、地面绝缘、保暖性、透湿性、外观、能量反馈、气味）归类为三个体系：感官体系、湿热管理体系和足底支撑体系。

（1）感官体系。

SATRA 感官体系包括手感、合脚性、重量和气味、品牌忠诚度。手感指通过触摸建立的对产品外观与触感的综合评价，合脚性指脚型和鞋之间的空间关系，重量和气味是对产品的直观感受，品牌忠诚度指穿着者对产品舒适度的认知。

（2）湿热管理体系。

湿热管理体系指对脚部的生理学评价，主要涉及温度和湿度管理两个指标。

①基本概念。

脚和手是人体最先对外界环境温度变化和内部体温变化做出反应的部位，其温度随身体活动水平发生相应变化。出汗是防止身体过热的一种重要反应。调节热平衡是实现舒适度的重要功能。汗液的产生受个体、地域和活动等因素的影响。个体因素主要是个体的年龄、性别等，地域因素是指所处环境的温度、湿度等，活动因素包括活动时间、活动强度和心理压力程度。加快血液流动可以促进组织散热，而汗液蒸发会带走热量，导致皮肤表面温度降低。

舒适度的影响因素包括鞋类产品的排汗效率。鞋类产品的排汗效率高，能维持脚部干爽，提升穿着舒适度；鞋类产品的排汗效率低，则脚部容易湿黏，降低穿着舒适度。

通常情况下，不舒适的鞋不利于身体调节热平衡。鞋类材料不吸汗、不透气，使脚长期处于湿热状态，导致脚部肿胀，使鞋对脚产生压力，造成脚部疼痛、磨损、感染等。当靠近皮肤的水分含量很高时，皮肤神经传感器会产生不舒适感。脚在鞋内的状态如图 6-8 所示。

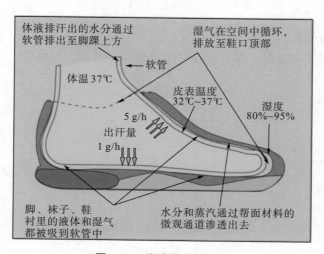

图 6-8　脚在鞋内的状态

②足部湿热管理的基本机制。

足部湿热管理的基本机制如图 6-9 所示。脚产生的汗液通过鞋类材料直接吸收，并以排气方式将蒸发后的汗液排出，保证脚部长期舒适感。鞋有四种排汗方式：吸收、毛细作用、渗透和通风。吸收和毛细作用是液体传输机制；渗透和通风是蒸汽传递机制。吸收是鞋类材料直接吸收汗液。毛细作用是液体在鞋材料的微观表面的运动从而实现水分的吸收和扩散，渗透是汗液蒸发后通过鞋类材料空隙排出，通风是通过加快分子运动从而带动更多水分的蒸发。

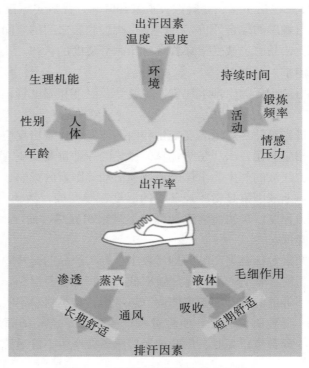

图 6-9　足部湿热管理的基本机制

（3）足底支撑体系。

足底支撑体系涉及支撑、应力回收和能量转换、缓震、灵活性、地面绝缘等功能，如图 6-10 所示。

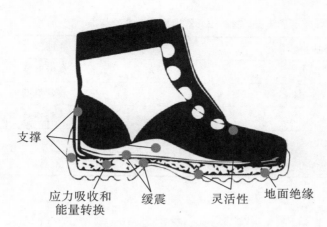

图 6-10　足底支撑体系

支撑。支撑指保证行走过程中的稳定，稳定性与鞋的跟脚性紧密相关。后跟、跗背和足底部位是实现支撑的重点。后跟和跗背部位与鞋楦的贴合能够确保脚部不晃动；足底部位的三维设计缩小了脚底与鞋垫之间的空隙，进一步增强稳定性。

应力吸收和能量转换。应力吸收和能量转换通常指鞋底后跟部位的性能。一方面，吸收应力确保脚部安全；另一方面，在运动状态下，适当的能量转换能够提高运动效率，降低能量消耗。能量转换关注材料恢复之后的能量是否有助于穿着者减少疲劳。另外，鞋子弯曲的时也会存储能量，为穿着者行走提供动力。

缓震。缓震指缓解应力峰值的能力，基于缓震能量水平，可以分为三个层次：①减震（高能量输入）。剧烈运动，如跑步、跳跃等，后跟部位会产生很大的冲击力，通常情况下是人体体重的 2～3 倍，脚部则需要通过鞋的减震功能保证肌肉和骨骼的安全。②缓冲（中等能量输入）。当静止站立或正常行走时，脚部承受的应力一般为人体体重的 0.5～2 倍，在此范围内，脚部的肌肉和骨骼是安全的，但存在局部高应力，导致脚部溃疡和老茧，因此需要鞋来均匀分散应力，减小局部高应力的产生。③容纳（低能量输入）。容纳性指脚在鞋内的一种包裹感，这种包裹感是带有一定的贴合压力。

灵活性。运动过程中，脚部会沿第一趾跖和第五趾跖之间的轴线弯折。当鞋底部件厚度增加时，鞋底的刚度增大，使穿着者必须施加更多的力行走，从而影响运动。

地面绝缘。地面绝缘是指鞋底隔离的地面粗糙、不平整等感受。地面绝缘功能和大底的厚度、弹性等有关。

1. 应力吸收和 SATRA 舒适度指数

《SATRA 舒适度指数评价》（SATRA TP3：2015）的目的是提供一个指标区间来量化舒适度。在评价前，先让受试者穿着适应标准的参考鞋，以保证对不同试验鞋进行同一套舒适度评价。舒适指数及评价标准见表 6-2。

表 6-2　舒适指数及评价标准

舒适指数	评价
≥65	高度舒适
51~64	非常舒适
41~50	舒适
21~40	一般舒适
≤20	不舒适

2. SATRA 评价方法

（1）合脚性。

《合脚性评价》（SATRA TP4：2013）需要选定代表鞋类可穿人群的标准尺码受试者进行评价，每位受试者要在测试之前测量脚型，以确定基本的合脚性指标。合脚性指标包括长度、宽度和跟脚性等，由评价员仔细检查，根据市场的可接受性得出结论。另外，可以采用 STD 223 设备（图 6-11）对鞋楦的尺寸进行测量。

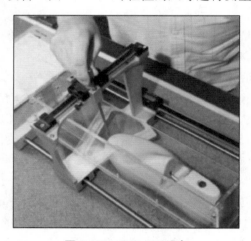

图 6-11　STD 223 设备

（2）湿热管理。

《整鞋透水气性测试》（SATRA TM47：2002）是评估鞋类材料水分吸收和渗透能力的首选方法，使用 STM 175 设备进行测试。测试对象包括鞋帮面、衬里。模拟真实的穿着环境和实际温湿度环境，测试各部件的水分吸收总量和蒸发量，计算鞋的透水气性。

《整鞋隔热值和防寒等级测试》（SATRA TM436：210）可使用 STM 567 设备（图 6-12）进行测试。测试过程中不引入任何水分，在具有气流循环的环境中进行，需要把脚模和袜子加热到人体温度，一段时间后，记录保持脚部温度所需电能，记为能量值（瓦），计算脚模和外部环境的温度差值与维持脚部温度所需能量值的比值，得到热阻系数 R，R 的大小反映了鞋的隔温性能。STM 567 设备还可以针对《水分管理试验》

（SATRA TM376）、《整鞋保温试验》（SATRA TM386）进行测试。

图 6-12　STM 567 设备

（3）缓震性和曲挠性。

《降落减震试验》（SATRA TM142：1992）用于评估鞋子和材料的减震功能，可评价单个鞋部位，主要采用 SATRA STM 479 动态减震测试机（图 6-13）进行测试。测试过程中，将样品放置在测试机底座，把一个已知质量的物块从一定高度降至鞋子上方，通过加速器和位移传感器来记录物块的应力吸收峰值，峰值越低，表示减震性越好。

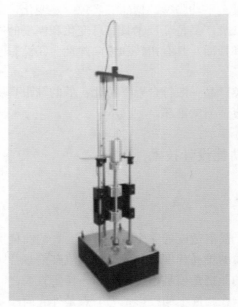

图 6-13　SATRA STM 479 动态减震测试机

如图 6-14 所示，SATRA STM 512 重复压缩测试机可以模拟一段时间的缓冲，SATRA STM 507 鞋类动态刚度测试机能够测试整鞋的曲挠性。

图 6-14   SATRA STM 512 重复压缩测试机、SATRA STM 507 鞋类动态刚度测试机

（五）舒适度设计原则

满足基本舒适度的鞋类产品特征：①针对目标市场脚型数据的平均尺寸确定正确的长度、宽度和围度。②基于平均脚型数据能够实现一定变化，能够分散脚部所受应力。

具备较高舒适度的鞋类产品特征：①具有可变化和恢复的内里和帮面材料，符合脚的形状。②整鞋（鞋底和帮面）具有扭转和纵向弹性。③没有刚性组件。④具有轻质结构，且有足底缓冲功能。

保证穿着安全的鞋类产品一般符合以下特征：低的鞋跟高度，稳定的后跟基面，跖趾宽度大于脚掌宽度，有适当的前翘。

四、鞋底结构和功能设计技术

（一）曲挠性

曲挠性是影响鞋类产品舒适度的一个重要指标。鞋的曲挠性是指鞋具有可弯曲的性质，曲挠性反映成鞋弯曲的难易程度，一般通过对成鞋前掌绕跖趾部位弯曲单位转角所施加的力进行评价。鞋的曲挠角度是指支撑面与一特定直线之间的夹角。特定直线的一点是后跟部位支撑中心点在跟面上的投影；另一点是外底面跖趾部位最大突出点。曲挠角度的测量如图 6-15 所示。研究指出，步行时，鞋的曲挠角一般为 25°～ 30°。在一定范围内，高跟鞋的抗弯强度越低，穿着者活动过程中所受的力越小，越能减少穿着疲劳感。

图 6-15　曲挠角度的测量

（二）防滑性

防滑性指成鞋外底与地面接触时的抓地效果。行走稳定性和安全性在很大程度上取决于外底防滑性。外底的结构、材料、花纹（图 6-16）及鞋跟几何形状等都会影响成鞋的防滑性。防滑性也与地面环境有关。

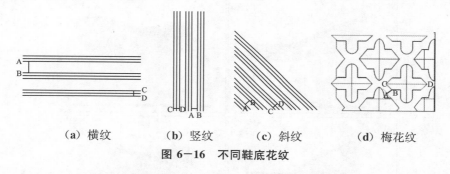

（a）横纹　　　（b）竖纹　　　（c）斜纹　　　（d）梅花纹

图 6-16　不同鞋底花纹

研究指出，路面污染物、外底硬度、鞋底花纹对摩擦系数都有影响。路面污染物的黏度越高，摩擦系数越小，外底防滑性越差。当选择硬度较小的材料做外底时，鞋底花纹和路面污染物对成鞋防滑性的影响更显著。针对干燥的路面环境，应选用硬度较低的外底材料，且鞋底花纹应间距小、宽度大、深度小，以提高成鞋防滑性；针对有液态污染物的路面环境，应选用硬度较高的外底材料，鞋底花纹应设计为斜纹或梅花纹，并有一定深度，以提高成鞋防滑性。通过有限元试验可知，防滑性好的外底，不易发生鞋底滑动和脚部扭伤。

五、理论分析和模拟技术

（一）结构分析

有限单元分析（Finite Element Analysis，FEA）又称为有限元分析，是一种运用计算机软件的快速运算和集中求解特点对实际问题进行分析的方法。模拟实际环境，赋予模型实际材料的属性，发生对应的变化，从而模拟实际情况下产生的结果，从而找到并解决潜在问题。

　　有限元分析的对象多变，具有多种分析方法，可以同时改变多个变量，找到多组对应关系。有限元分析快捷、方便、成本低、结果准确，为不能直接实现或试验条件苛刻的研究提供了有力支持。

　　有限元分析技术进入鞋类设计和开发领域，用于指导功能鞋（如糖尿病足保护鞋、矫形鞋）的开发。有限元分析技术也可应用于脚部运动形态的研究，模拟计算实际试验中无法检测到的数据。在指导鞋楦设计、二次开发等领域，有限元分析技术也有很高的应用价值。研究人员还常常结合有限元分析方法和生物力学研究方法来分析和解决问题。

　　外底滑动摩擦分析较复杂，可以通过有限元分析方法进行试验。摩擦系数只与材料属性有关，所以在有限元分析中，动摩擦系数是预设值，基于常见鞋类外底在不同地面的摩擦系数，通常将动摩擦系数设置为 0.4、0.5、0.6，再利用求解器进行运算。有限元鞋底模型如图 6-17 所示。

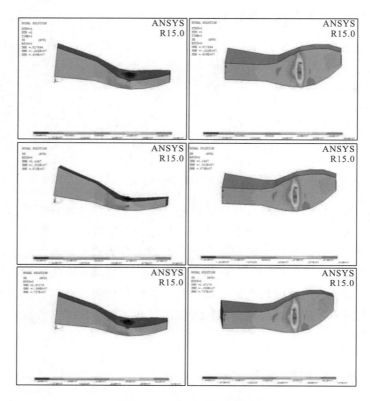

图 6-17　有限元鞋底模型

　　基于图 6-17 的有限元鞋底模型，当对后跟部位施加 5N 的力时，前掌跖趾部位受力形变最大，沿 X 轴方向节点所受最大应力为 4.09MPa，最小应力为 -2.22MPa；当对后跟部位施加 7N 的力时，前掌跖趾部位受力形变最大，沿 X 轴方向节点所受最大应力为 5.73MPa，最小应力为 -3.1MPa；当对后跟部位施加 9N 的力时，前掌跖趾部位受力形变最大，沿 X 轴方向节点所受最大应力为 7.37MPa，最小应力为 -3.99MPa。

随着施加的力增大，前掌跖趾部位受力逐渐增大，则在行走过程中，脚部完成曲挠动作所需力越大，跖趾部位的舒适度越差。动摩擦系数为 0.4 时外底受力情况如图 6-18 所示。

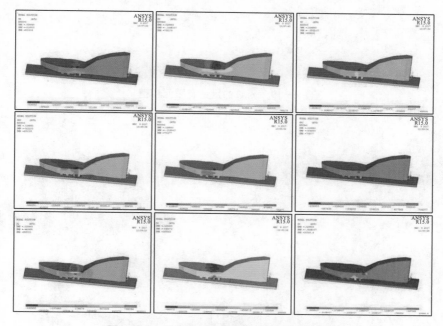

图 6-18　动摩擦系数为 0.4 时外底受力情况

（二）有限元建模及分析方法的应用范围

人体脚部由骨骼、肌肉、血管、神经等构成，是重要的负重器官和运动器官。在不同的载荷下，脚部应力和应变将发生变化，这些变化难以通过数学模型表达。因此，有限元建模及分析方法用于足部生物力学研究，可有效了解不同载荷下脚部应力和应变情况。目前，有限元建模及分析方法已被用于站立状态下足部生物力学研究、不同高度足弓生物力学研究、后跟脂肪垫生物力学研究、外翻足生物力学研究、高跟鞋对足部生物力学影响的分析、糖尿病足研究等。

足部有限元建模经历了从二维到三维、从简单线性材料到非线性材料的发展过程。20 世纪 90 年代，Chu 等建立了只包含骨、韧带和软组织的简单足部有限元模型，如图 6-19（a）所示；Jacob 等建立了含有内、外侧足弓的模拟站立项的足部有限元模型，并计算出脚部压力的分布情况，如图 6-19（b）所示。21 世纪，随着医学影像技术的发展，各种高度仿真的足部模型被重建。Chueng 等基于健康人体的右足踝 MRI 扫描数据重建了足踝三维有限元模型，除形态高度仿真外，还考虑了非线性问题和接触问题，如图 6-20（a）所示；Yu 等利用 Chueng 等的相似原理建立了足踝三维有限元模型来研究高跟鞋对足踝的相关影响，如图 6-20（b）所示。

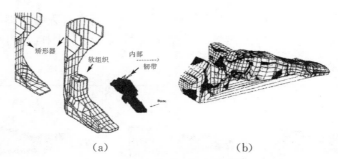

图 6-19　简单的足部有限元模型

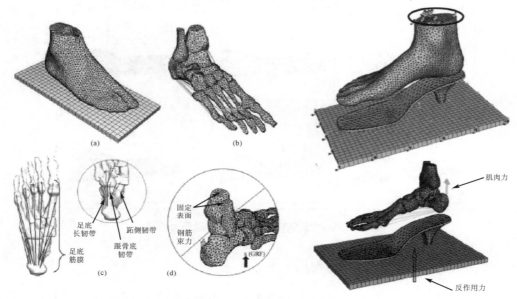

图 6-20　足踝三维有限元模型

六、结构和功能设计技术的价值

结构和功能是鞋类产品的技术属性，是核心竞争力之一。针对不同的产品目标，应建立标准化技术、舒适度评价技术、模拟和仿真技术，健全产品研发体系。

在标准化过程中，品牌能够进一步提炼产品共性，提升产品研发和生产效率，降低损耗。舒适度评价技术改善了传统的试穿评估模式，为建立产品舒适度标准提供了方法支撑。模拟和仿真技术可以进一步加快产品研发进程，获得较为准确的评价结果，为改善和提升产品品质提供数据支撑。

（周晋、张伟娟、杨磊）

第七章 流行元素量化分析技术

一、流行趋势的理论发展

（一）流行趋势的生命周期

流行趋势是对人们穿着共性的总结，反映多数人的审美意志，是大部分消费者接受的风格。鞋的流行趋势是指鞋的款式、颜色、材质在一定的时间范围内被人们接受的程度和发展方向。鞋的流行趋势受很多因素的影响，如经济、文化、地理、气候等。鞋的流行有一定规律，某一鞋款经历流行的萌芽、盛行到消亡的过程称为其流行生命周期。流行趋势信息繁多，消费者可以通过流行趋势把握消费行为，生产厂家可以通过流行趋势把握消费动向。流行趋势可以直接影响品牌的企划内容及规划。

流行趋势从产生到没落对应不同的趋势预测流程及产品生命周期的不同阶段，如图7-1所示。通过流行趋势预测成功捕捉到某一流行产物，并进行产品开发和销售，如果能被消费者广泛接受并推荐，这类产品就成为流行产品。

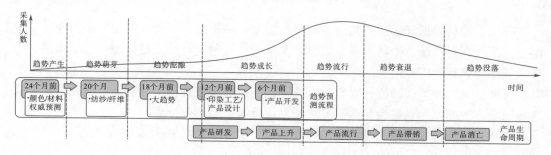

图7-1　流行趋势成长曲线

（二）流行趋势扩散理论

流行产物往往具有某些特质。一些处于趋势萌芽阶段的产品，被具有影响力个人或群体关注并传播，这一过程就是趋势扩散。扩散理论主要有以下几种：

创新扩散（Diffusion of Innovation，DOI）理论。Rogers的创新扩散理论是理解趋势预测现象的主要理论框架。创新扩散理论起源于传播学领域，用来解释随着时间推移，一个想法或产品如何通过特定人群或社会系统获得动力和传播。DOI帮助我们理

解一种趋势的进展，该趋势通常从一小群创新者开始，然后传播到早期的采用者。早期采用者成了早期的用户，他们在趋势晚期被更多数的采用者所替代。一个旧的趋势就会被一个新的趋势取代。这与流行产品生命周期是一致的。

涓滴理论（Trickle-down Effect）。涓滴理论一直被认为是研究时尚及其社会学意义的核心原则。根据涓滴理论，优先发展起来的群体（如时尚专业人士）将流行风格向其他群体传播。涓滴理论中还有滴漏理论和浮升理论。①滴漏理论。优先发展起来的群体的生活方式与风格被其他群体模仿，产生重要流行趋势。优先发展起来的群体持续强化风格，让自己更加有辨识度。②浮升理论，也叫逆渗透理论，即优先发展起来的群体也会受小众、非主流风格和文化等的影响，并进行推广传播，产生新元素，不断进行创新。

（三）流行趋势的预测技术

流行趋势预测通常分为短期预测和长期预测两种类型。短期预测关注未来一两年内的新产品色彩、风格等元素，主要帮助企业提高短期销售额。短期预测可以通过产品演变分析来确定趋势。产品演变分析可以跨产品类别进行，也可以在一个类别内进行。长期预测主要关注未来五年或更长时间的流行趋势，可以帮助公司评估当前商业实践、重新定位产品、重新考虑产品与客户的关系、制定战略计划、评估短期预测。长期预测需要考虑许多因素，如人口结构变化、产业和市场结构变化、消费者利益、价值观和动机差异、科学技术突破、经济状况变化等。长期趋势发现必须持续、系统地进行才能有效。

二、鞋类产品流行要素结构化分类

鞋类设计是根据脚的生理构造，对鞋的造型、结构进行设计，绘制线条图样，拟定配色、配材方案，涉及生物力学、数学、美学等。鞋的流行元素是鞋类产品结构的一部分，其还受到其他组成部分的影响。

长期以来，鞋类产品流行要素没有统一标准。需要设计师不断创新，结合个人经验进行判断。下面以运动鞋为例阐述鞋类产品流行要素结构化分类。

运动鞋的流行要素分为鞋款基础属性、设计要素属性、图片属性、轮廓部件属性，如图7-2所示。

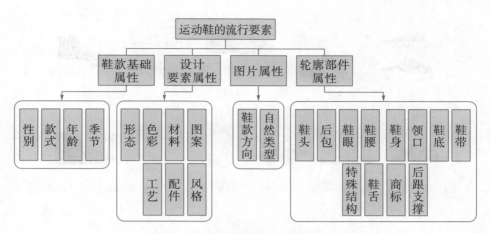

图7-2 鞋品流行要素结构化分类

（一）鞋款基础属性

（1）性别。按照消费者的性别可将鞋款进行分类，如图7-3所示。

男鞋　　　　　　　女鞋　　　　　　中性鞋

图7-3 性别属性

（2）款式。款式指鞋类产品的立体轮廓形态，如图7-4所示。

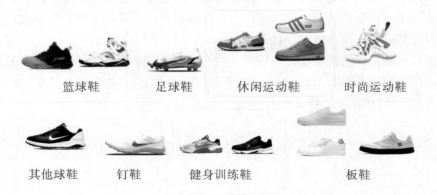

篮球鞋　　　足球鞋　　休闲运动鞋　　时尚运动鞋

其他球鞋　　钉鞋　　健身训练鞋　　板鞋

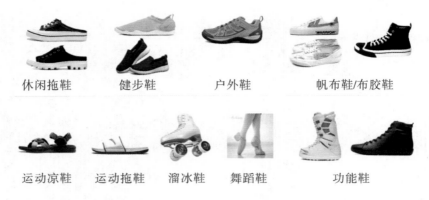

休闲拖鞋	健步鞋	户外鞋	帆布鞋/布胶鞋	
运动凉鞋	运动拖鞋	溜冰鞋	舞蹈鞋	功能鞋

图7-4 款式属性

（3）年龄。青年是鞋类产品的主流消费群体。年轻人更加追求鞋类产品的流行趋势。老年消费者更加看重鞋类产品的实用性和舒适度。

婴童、儿童	青少年、青年	中年、中老年

图7-5 年龄属性

（4）季节。按照一般穿着季节，可以对鞋类产品进行分类。

（二）设计要素

运动鞋整体结构是由不同部分组成的。局部设计必须与整体结构风格一致。局部设计包括帮部件设计、底与跟部件设计、配件设计、色彩和材质设计、装饰设计等。

（1）形态。这里的形态仅指鞋类产品的外形。形态是鞋类产品整体造型的重要组成部分，要素包括鞋头（楦型）造型、鞋底造型、跟造型、帮面造型等，其设计包括平面设计、立体设计和结构式样设计。立体设计往往能使产品呈现的视觉效果强烈，但可能增加材料损耗，降低生产效率，提高成本。

鞋头。当鞋类产品色彩变化较少时，鞋头造型就成了容易被消费者注意的重点。鞋头造型往往具有流行性，其设计应充分考虑脚型规律、运动机能、加工工艺、流行趋势。图7-6为一些常见的鞋头造型。

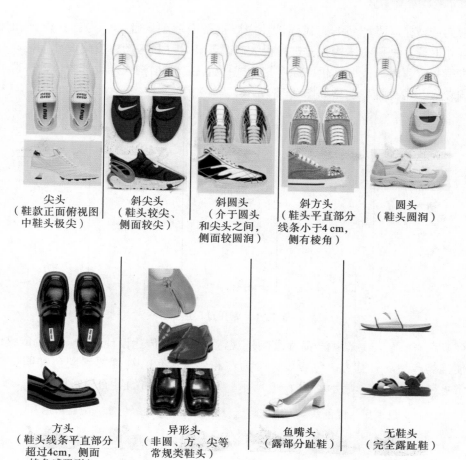

尖头
（鞋款正面俯视图
中鞋头极尖）

斜尖头
（鞋头较尖、
侧面较尖）

斜圆头
（介于圆头
和尖头之间，
侧面较圆润）

斜方头
（鞋头平直部分
线条小于4 cm，
侧有棱角）

圆头
（鞋头圆润）

方头
（鞋头线条平直部分
超过4 cm，侧面
棱角感强烈）

异形头
（非圆、方、尖等
常规类鞋头）

鱼嘴头
（露部分趾鞋）

无鞋头
（完全露趾鞋）

图 7-6　鞋头造型

　　鞋底、跟造型。鞋底主要有大底和带跟底两种形式。大底是不可缺少的部分，造型设计变化较多。鞋底、跟造型常见于运动鞋和高跟鞋。常见的鞋底造型有楔形底、松糕底等；常见的跟造型有路易斯跟、锥形跟、酒杯跟等，很多女式鞋跟都由此变化而来。

楔型跟

松糕底

路易斯跟

酒杯跟

锥形跟

图 7-7　鞋底、跟造型

帮面造型。鞋类产品结构式样设计主要指帮面造型设计，分为创新设计和变化设计。创新设计是把原有结构式样进行很大修改，让人耳目一新；变化设计是把原有结构式样进行一定程度的改变，仍以原有结构式样为主。在结构式样设计中，鞋口造型设计的影响较大。常见鞋口造型如图 7-8 所示。

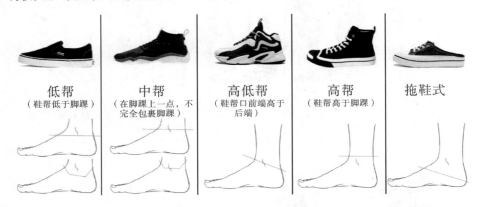

低帮	中帮	高低帮	高帮	拖鞋式
（鞋帮低于脚踝）	（在脚踝上一点，不完全包裹脚踝）	（鞋帮口前端高于后端）	（鞋帮高于脚踝）	

图 7-8　常见鞋口造型

（2）色彩。色彩是鞋类产品显著的外观特征，能够传达设计理念，激发情感。色彩可以使鞋类产品富有魅力。色彩设计分为色相要素配色、纯度要素配色和明度要素配色。常见鞋类产品色彩展示如图 7-9 所示。常见色彩分布的界面形态见表 7-1。

黄色系　　橙色系　　红色系　　绿色系　　蓝绿色系　　蓝紫色系

卡其色系　　灰色系　　黑白色系　　黑色系　　白色系　　紫红色系

棕褐色系　　　　荧光色系　　　　金属色系　　镭射色系

图 7-9　常见鞋类产品色彩展示

图 7-10 是色彩分布方式的判断方法。色彩分布的界面形态见表 7-1。

表 7-1　常见色彩分布的界面形态

色彩形态	点涂 （点状分布）	线涂 （线条感）	平涂 （块面分布）
规则型	同种色彩构成的点（包括排列类似于波点的花型）的大小一致或疏密相同	同种色彩构成的线条粗细或疏密程度相同	色彩构成的块面大小、疏密程度都相同
图解示意	 波点式（n 种色彩） 条纹可以是任意线型，如直线、曲线 渐变式（n 种色彩） 需要注意色彩数量	条纹式（1 种色彩） 条纹可以是任意线型，如直线、曲线 渐变式（n 种色彩） 线的粗细或疏密渐变	 块面平涂（n 种色彩） 块面类型有矩形、多边形、扇形、各种重复的块面等，二方、四方连续等
不规则型	点的大小、疏密程度不一	大小、疏密程度不一	大小、疏密程度不一
图解示意	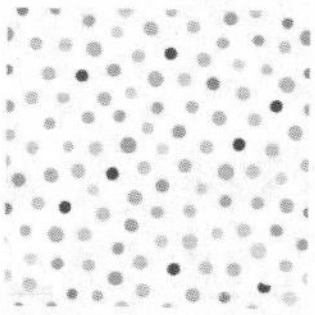 随机式（n 种色彩） 重叠式（n 种色彩）	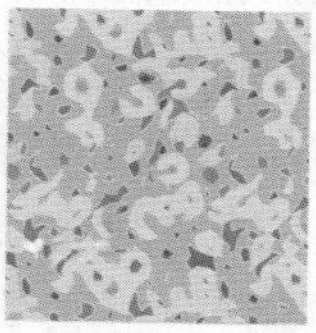 描边式	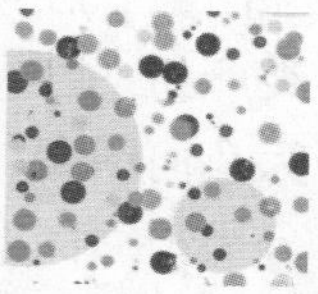 线涂＋平涂＋点涂 （复杂图案如涂鸦）

　　（3）材料。材料在鞋类产品结构式样设计中发挥着重要作用，构成成鞋的视觉形式美感及系列感，如亮革、粒面革和特殊皮革的搭配运用。常见鞋面和鞋底材料如图 7-10 所示。

（a）鞋面材料

（b）鞋底材料

图7-10　常见鞋面和鞋底材料

　　（4）图案。鞋类产品的图案指通过艺术概括和艺术加工按照一定规律将一些纹样应用于鞋类产品。鞋类产品的图案通常具有实用性、装饰性。按构成素材，鞋类产品的图案可分为几何图案、传统纹样图案、动物图案和花卉图案等；按构成形式，鞋类产品的图案可分为独立图案和连续图案；按空间构成效果，鞋类产品的图案可分为平面图案和立体图案。不同的图案要素风格各异，可赋予鞋类产品多元的风格。

　　（5）工艺。鞋类产品的工艺是实现鞋类产品设计的基本途径。生产鞋类产品时，工艺与材料、造型、结构等相关。常见工艺有压印、绗缝、刺绣、打孔等，采用不同的工艺可以呈现多样的造型。

　　（6）配件。鞋类产品的配件分为两种：一是装饰配件，起装饰美化作用；二是功能配件，如鞋眼圈、铆钉、拉链、鞋带等。另外，配件还分为专用配件（如横条）和非专用配件（如标志、金属件、盘花、纽扣等）。配件的造型、质地和色彩要符合鞋类产品的总体风格，起到画龙点睛的作用。常见配件如图7-11所示。

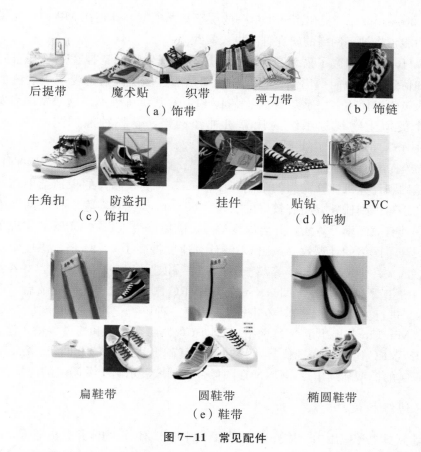

图 7—11　常见配件

（7）风格。鞋类产品的风格指在鞋类产品展现的艺术特点、思想观念等。它可以反映时代特色、民俗传统，材料、技术的最新特点。

三、基于流行趋势的计算机视觉技术

（一）图像分类

图像分类是计算机视觉的核心，是视觉识别领域的基础。网络分类性能的提高会显著提高其应用级别，如对象检测和分割、人体姿态估计、对象跟踪、超分辨率技术等。改进图像分类技术是促进计算机视觉发展的重要组成部分，主要过程包括图像数据预处理、图像特征提取与表示、分类器设计。图像特征提取一直是图像分类研究的重点，是进行图像分类的基础。传统的图像特征提取算法侧重于人工设定特定的图像特征，其泛化能力和可移植性较差。因此，研究人员期待让计算机拥有类似生物视觉系统的处理图像的能力。研究人员将真实的生物神经网络抽象成基于数学运算模型的神经网络，其是由大量相互连接的神经元组成的，并近似地模拟神经网络对神经信号的处理。最初，McCulloch 等分析生物神经网络后提出神经元活动的内部逻辑运算数学模型——MP 神

经元模型。Rosenblatt 等提出了一个单一的层感知器模型，其是在 MP 神经元模型中增加了学习功能，将神经网络的研究首次投入实践。

之后，Huber 等研究了猫大脑的视觉皮层，发现生物视觉神经元是基于局部区域刺激来感知信息的，他们得出结论：视觉感知是通过多层次的感受层层刺激的。类似的，研究人员尝试使用多层感知器学习特征和 BP 算法训练模型。这一发现启发研究人员构建一个类似生物视觉系统的计算机神经网络，卷积神经网络（Convolutional Neural Networks，CNN）由此诞生。

Lecun 等提出了第一批 CNN 模型 LeNet－5。然而，由于缺乏大规模的训练数据，以及理论基础和计算机计算能力的限制，LeNet－5 对复杂图像的识别结果并不是很理想，其仅在手写识别任务方面有较好的表现。Hinton 等针对多隐层神经网络中的学习困难提出一种有效的学习算法，开启深度学习。随后研究人员在 CPU 上实现了卷积运算，大大提高了网络的计算效率，比 CPU 计算速度提高了 2～24 倍。深度学习因此受到越来越多的关注。Krizhevsky 等基于 LeNet－5 构建了 AlexNet 模型，并在 ILSVRC 2012 比赛中展现了巨大优势。AlexNet 在 ILSVRC 比赛中取得优异成绩后，研究人员开始对 CNN 进行更深入的研究，Zeiler 等提出了一种可视化技术来理解 CNN，并提出了 ZFNet。Min Lin 等提出了 NiN 网络，有助于控制参数数量和通道数量。之后，更多的模型在 ILSVRC 比赛中表现优异，均在原有基础上进行了较大创新。2017 年至今，更多性能卓越的模型陆续出现，CNN 在图像分类领域展示出十分明显的优势。

（二）边缘检测

某些计算机视觉应用中，需要通过图像分割来自动识别物体并分析图像，或者帮助人类找到感兴趣的区域。边缘检测是图像分割的重要分支之一。边缘检测的应用不受限制。有研究人员使用边缘检测来捕捉照片上的表面裂缝。边缘检测也常用于评估物体形状。例如，利用边缘检测获得物体周长，这对获得其他形状特征很有帮助。边缘检测也可用于艺术设计领域，如利用边缘检测可以将自然图像转化为卡通图像。许多研究人员已经提出了各种边缘检测算法。边缘针对强度水平发生剧烈变化的位置进行识别，这种识别方式可以通过检查图像的梯度或导数实现。因此，许多算法都是基于图像处理中的一阶或二阶导数。常见的边缘检测（如 Sobel、Prewitt、Robert）都使用了这一原理。边缘检测如图 7－12 所示。

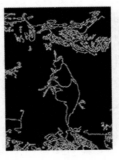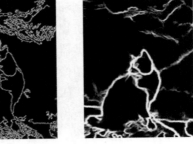

图 7－12　边缘检测

（三）实例分割

实例分割作为目标检测技术的拓展，能把图像中每一个像素点归类到具体实例。图像分割一直是计算机视觉的基础，涉及图像或视频帧的分割，并在大量的应用领域中发挥着核心作用，包括医学图像分析（如从 X 光片提取人体脊柱图像，用于脊柱侧弯分析）、自动驾驶车辆（如可行驶路面和行人检测）、视频监控、增强现实等。图像分割可以表述为使用语义标签对像素进行分类（语义分割表述）、单个对象分割（实例分割），或两者兼有（全景分割）。语义分割是对所有图像像素使用一组对象类别（如人、车、树、天空）进行像素级标记，故通常比全图像分类更苛刻，即预测整个图像的单个标签。实例分割通过检测和描绘图像中感兴趣的对象（如个体）扩展了语义分割的范围。过去，研究人员发展了大量图像分割算法，从早期的阈值分割、基于直方图的捆绑、区域增长、K 均值聚类算法、分水岭算法，到更高级活动轮廓算法、图割算法、条件随机场、马尔科夫随机场等。近年来，深度学习模型显著改善新一代图像分割模型的性能，实现了最高的准确率。

（四）预测技术

在信号处理领域，预测技术通常表示对时间序列的预测，其目标是从函数和输入序列的估计中获得可靠和准确的输出序列。时间序列预测技术可分为单变量和多变量两种方法。单变量方法中，输出序列是一个可以被解释为趋势、季节性等实际意义的常数，绝大多数情况下，由滞后的时间序列来解释这种预测。多变量方法会利用每个变量对输出序列和其他变量的影响，使用更复杂的传递函数获得更好的结果。Nunnari 等利用风向、风速、太阳辐射、温度和相对湿度等信息比较了几种模拟浓度；Andriyas 等利用田间物理条件和生长季节的灌溉输送系统来预测灌溉用水顺序，Lima 等开发了一种考虑气候变量（如降水等）影响的水流入预测模型。Athanasopoulos 等通过模型预测国际游客需求，比较了单变量方法和多变量方法的性能；Sfetsos 等比较了预测太阳辐射的方法。用于特定领域时间序列预测方法的相关研究如 Milionis 等比较了用于空气污染分析的回归方法和随机模型，Ljung 描述了 ARMAX 模型和非线性黑匣子模型的理论、方法和实践。

图 7-13 为 Omnilytics 对于动物斑纹流行元素的跨季节热度统计与预测结果。

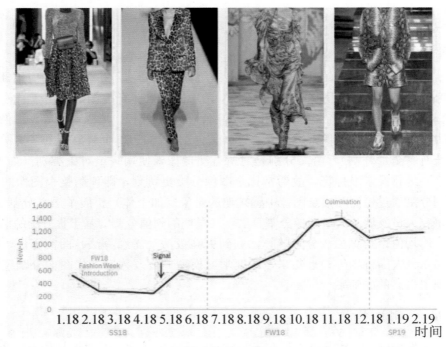

图 7-13　Omnilytics 对于动物斑纹流行元素的跨季节热度统计与预测结果

　　大多数时装销售预测是通过统计方法来完成的，包括线性回归法、移动平均法、加权平均法、指数平滑法、双指数平滑法、贝叶斯分析方法等。ARIMA 模型、SARIMA 模型等被广泛应用于销售预测，因为其有封闭的预测表达式，故简单易行、计算速度快。Yelland、Dong 检验了贝叶斯预测模型在时尚需求预测中的适用性，其结果表明此方法获得了更好的定量结果。Mostard 等对几种适合预测单周期产品的方法进行了比较研究，在一组基于预购的方法中，一种新颖的"顶翻式"方法表现得更好；对一小群特殊产品，专家判断方法优于先进的销量预测方法。Li、Lim 提出了一种基于一家新加坡零售商真实销售数据库的聚合分解方法，以解决间歇性需求预测问题，这种新的预测工作显著优于其他间歇性需求预测方法。

　　近年来，基于机器学习和深度学习的预测方法越来越受关注。Choi 等将灰色模型和神经网络模型结合起来，创建了一个新的混合模型，利用历史数据预测颜色趋势。灰色模型的目的是解决灰色系统经常面临已知和未知信息不确定性的问题；神经网络模型模仿生物神经网络结构，学习数据的模式并进行预测。Al-Halah 利用亚马逊时尚产品数据，通过卷积神经网络预测视觉风格流行度。Xia 提出了经典方法（基于数学统计模型）与现代启发式方法的区别，指出人工智能方法通常需要大量时间，其性能在很大程度上取决于是否有足够的历史数据进行训练。

四、案例分析

（一）鞋身线条分析

鞋身线条分析流程如图 7-14 所示，首先通过 Mask R-CNN 对原始图片进行分割，然后利用 PiDiNet 提取鞋身边缘线条，最后使用 EfficientNet 对鞋身边缘线条进行分类并存入数据库，保存线条模板。

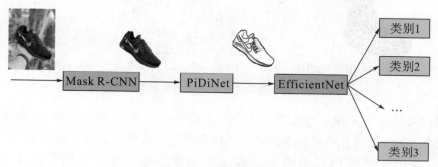

图 7-14 鞋身线条分析流程

Mask R-CNN 作为近年来应用广泛的实例分割网络，能同时完成目标检测、分类、语意分割的任务。它是基于 Faster R-CNN，通过增加一个分支引入二值掩码来预测给定图像像素是否对目标给定部分有贡献。Mask R-CNN 主要由骨干网络、特征金字塔网络（Feature Pyramid network，FPN）、区域候选网络（Region Proposal Network，RPN）、建议关注区域（Proposal Regions of Interest，Proposal RoI）、RoIAlign 模块和多任务处理模块组成。工作流程为：①骨干网络与 FPN 结合，从输入图片中提取特征图，FPN 的功能是特征图进行整合，从而充分利用提取出来的特征。②将 FPN 输出的特征映射作为 RPN 的输入，可以生成一些 RoI。③将 RoI 映射到共享特征图中，提取相应的目标特征，再将这些目标特征分别发送到全连接层和全卷积网络，进行目标分类和实例分割，整个过程可以得到分类评分、目标检测边界框和分割掩码。

Su Zhou 等提出的像素差网络利用传统 Canny 边缘检测器和 SE 边缘检测器输出的结果作为卷积网络的候选点，并对局部二进制模式进行扩展，推导出像素差卷积作为主要卷积核搭建一个轻量级网络 PiDiNet。由于 PiDiNet 将传统的边缘检测算子集成到现代 CNN 中，因此具有占用内存小（参数小于 1M）、不需要预训练、精度高、推理速度快等优点。基于不同边缘检测模型的鞋身线条分析如图 7-15 所示。

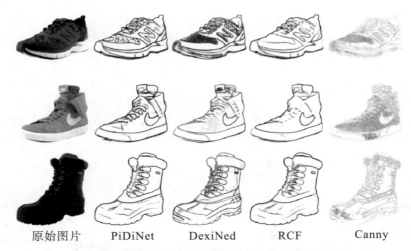

原始图片　　　PiDiNet　　　DexiNed　　　RCF　　　Canny

图7-15　基于不同边缘检测模型的鞋身线条分析

通过 PiDiNet 识别鞋身边缘线条后，使用 EfficientNet 对鞋身边缘线条特征图进行分类。EfficientNet 使用一种简单而高效的复合系数从深度、宽度、分辨率三个方面缩放网络，利用神经结构搜索技术获取一组最优参数，其效率和精度更高。基于 ResNet-101-FPN 骨干网络的鞋身线条分析如图 7-16 所示。

图7-16　基于 ResNet-101-FPN 骨干网络的实例分割结果

（二）鞋款色彩分析

色彩呈现是影响消费者购买决定的重要因素。现如今消费者对与色彩趋势相关话题越来越敏感，相关企业可通过分析相关因素来促进产品销售。Divita 在 *Fashion Forecasting* 中提出，大部分时尚企业经常聘请顾问或订阅色彩趋势分析报告。

鞋款色彩可通过读取图片中的像素点的 RGB 值获得，这些结果与图片中鞋款图片像素点正相关，Gan 等使用最常用的 K 均值聚类算法来识别鞋款主要色彩。K 均值聚类算法属于特定理论分割，其随机选择初始聚类中心，通过对初始聚类中心进行运算来对像素分类。初始聚类中心数量和位置的选择直接影响后续聚类分析结果。

另外，可以采用 CIELab 色彩空间来定量分析色彩。CIELab 是由国际照明委员会（CIE）在 1976 年定义的色彩空间，目的在于将其定义的数值变化对应颜色的类似感知变化。虽然 CIELab 色彩空间在感知上并不是完全均匀的，但它在工业等领域对于检测微小的颜色差异是非常有用的。CIELab 色彩空间由三个参数组成：L 表示从黑暗到明亮，取值范围 0~100；a 表示从绿色到红色，取值范围 -128~127；b 表示从蓝色到黄色，取值范围-128～+127。提取鞋身主色流程如图 7-17 所示，像素色彩分布图如图 7-18 所示，鞋身色彩分布图如图 7-19 所示。

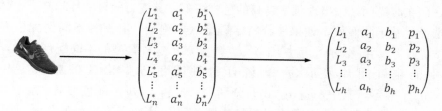

图 7-17　提取鞋身主色流程

像素色彩分布图

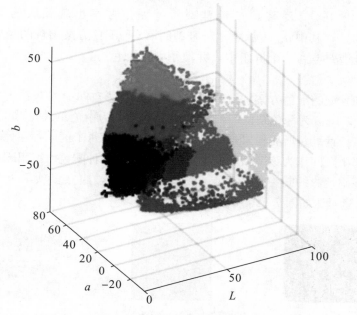

图 7-18　像素色彩分布图

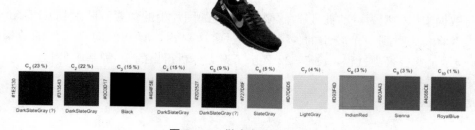

图 7-19　鞋身色彩分布图

对于一双鞋进行了 $k=10$ 的 K 均值聚类算法，即可还原单双鞋的色彩搭配，但是更多的鞋，$k=10$ 可能不足以还原所有基础色。因此，本书团队自建了拥有 1800 个图片的数据集，用来验证 K 均值聚类算法对多款式鞋的色彩分析能力。

主要的思路如下：假设有 M 个基础色，用数组 $\{C_1, C_2, \cdots, C_M\}$ 来表示，在量化这些颜色特征后，提取消费者可能的选择行为来了解其色彩搭配偏好。这里提出一个合理假设，即在时尚网站中出现频率越高的色彩搭配，其流行的可能性越高，也越容易被消费者选择。基于此假设，如果一种特定鞋型（如跑鞋）有三种不同的配色方案，用 $X_g = \{x_{g1}, x_{g2}, x_{g3}\}$ 表示，其中，x_{g1}, x_{g2}, x_{g3} 表示这种鞋型的不同配色方案，将所有数据集中的跑鞋图片表示为 k，统计每种配色方案出现的频次，用 $Q_g = \{q_{g1}, q_{g2}, q_{g3}\}$ 表示，其中，q_{g1}, q_{g2}, q_{g3} 分别表示 x_{g1}, x_{g2}, x_{g3} 配色方案出现的频次。基于以上约定，对潜在配色方案的流行趋势建模，用 G 表示所有鞋型的集合，用 g 表示某一种特定鞋型，$g \in \{1, 2, 3, \cdots, G\}$；用 x_g 表示第 g 种鞋型的所有配色方案集合，则 $x_g = \{x_{g1}, x_{g2}, \cdots, x_{gn}\}$，其中 x_{gi} 表示第 g 种鞋型的第 i 种配色方案，且 $i \in \{1, 2, 3, \cdots, n\}$。用 Q_g 表示第 g 种鞋型所有配色方案出现频次的集合，则 $Q_q = \{q_{q1}, q_{q2}, \cdots, q_{qn}\}$，其中 q_{qi} 表示第 g 种鞋型的第 i 种配色方案出现的频次。将具有相同配色方案的鞋型聚类到一个群组中，并使用每个配色方案出现的频次来获得潜在流行趋势。

对于每种鞋型的配色方案，简单地以 CIELab 色彩空间中的 L 维度将配色方案分为三类：$0 \leqslant L \leqslant 33.3$ 为深色系区间，$33.3 < L \leqslant 66.6$ 为中色系区间，$66.6 < L \leqslant 100$ 为浅色系区间。统计鞋身所有像素点所属色系区间，计算每个区间存在像素点的比例，以比例最大的那个区间作为该鞋型的配色方案分类。将每种配色方案出现的频次作为因变量，将每种基础色彩的归一化像素点个数作为自变量，建立多项 Logit 模型。L 为 0、50、100 的色彩对比如图 7—20 所示。

Lab={0,80,70}   Lab={50,80,70}   Lab={100,80,70}

图 7—20　L 为 0、50、100 的色彩对比

将数据集中鞋型为运动鞋且线条风格为跑鞋的图片中的像素点映射到 CIELab 色彩空间，并将其聚类到一个较小的 M 中，经过多次对比，$M=30$ 时有较好的效果，图 7—21 展示了这一聚类过程，图 7—22 展示了聚类分析得出的 30 种基本色彩。

CIELAB:L
CIELAB:b
CIELAB:a
CIELAB:L
CIELAB:b
CIELAB:a

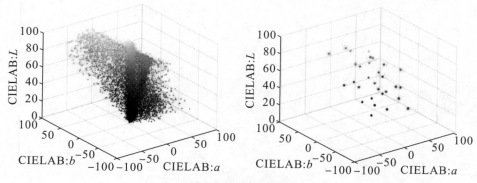

图 7－21　数据集中鞋型聚类过程

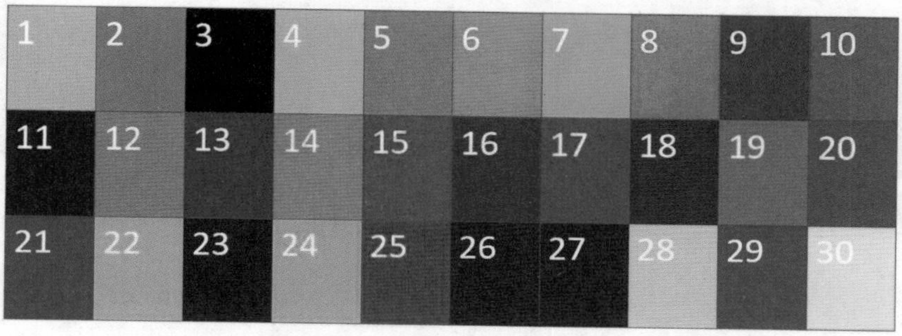

1
2
3
4
5
6
7
8
9
10
11
12
13
14
15
16
17
18
19
20
21
22
23
24
25
26
27
28
29
30

图 7－22　聚类分析得出的 30 种基本色彩

五、新技术展望

现如今，传统流行趋势的产生、发展、演变和传播，利用大数据技术和人工智能技术，变得可量化、可分析。流行其实是由人创造的过程，将这一过程变得可视化，可为流行预测提供技术支撑。以广东时谛智能科技有限公司（以下简称“时谛智能”）趋势平台为例，对流行元素的量化分析技术的应用进行阐述。

时谛智能趋势平台聚焦于时尚行业全链路“人工智能（AI）＋数字化”解决方案，借助大数据技术和 AI 技术，对企划—设计—选款—生产进行数据支持和 AI 辅助呈现，提升时尚行业产品的开发效率，降低开发成本与设计门槛。其挖掘全网数据辅助企划工作，使产品在企划阶段能够进行深度市场分析与趋势洞察；人机协同生款可以让企业跳过设计开发的“0－1 阶段”，在 AI 生成款式中进行选择，缩短了设计周期；利用互联网使产品量产前就可以面向市场，进行测款分析，降低开发成本，提高爆款率；集成 Revofim 与 KicksCAD，通过 AI 算法辅助，使设计师基于基础款式进行快速改款、改色、改面料，高效生成原创款式。

（1）市场分析。通过对全网销量数据进行统计分析，帮助生产厂家或商家进行品类、款式、颜色等分析（图 7－23～图 7－25），使其更好地了解市场情况。

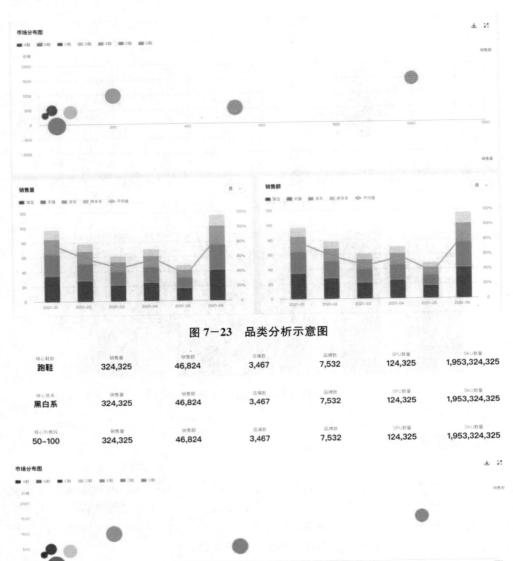

图 7-23 品类分析示意图

核心鞋款	销售量	销售额	店铺数	品牌数	SPU数量	SKU数量
跑鞋	324,325	46,824	3,467	7,532	124,325	1,953,324,325
核心色系	销售量	销售额	店铺数	品牌数	SPU数量	SKU数量
黑白系	324,325	46,824	3,467	7,532	124,325	1,953,324,325
核心价格段	销售量	销售额	店铺数	品牌数	SPU数量	SKU数量
50-100	324,325	46,824	3,467	7,532	124,325	1,953,324,325

图 7-24 品牌分析示意图

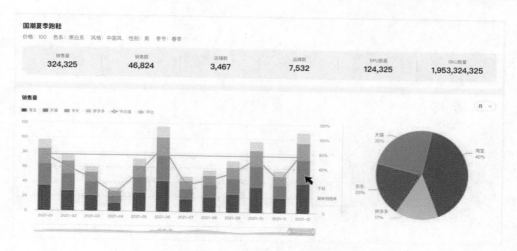

图7-25 单品分析示意图

（2）趋势洞察。对趋势从横向和纵向两个维度进行分析，横向维度趋势包括品类、款式、色彩等，纵向维度趋势包括机构、媒体、品牌、电商等。通过趋势热度的监控和预测构建趋势指数，为生产厂家或商家提供有效信息。总体趋势大盘、品类趋势、色彩趋势示意图如图7-26～图7-28所示。

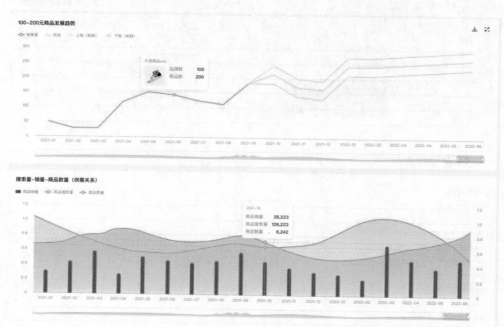

图7-26 总体趋势示意图

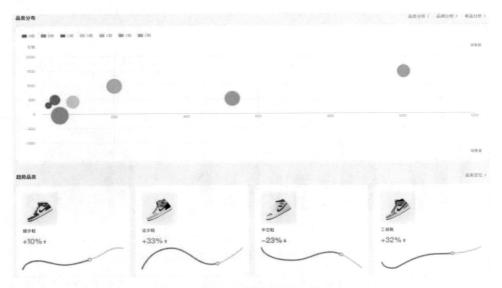

图 7−27　品类趋势示意图

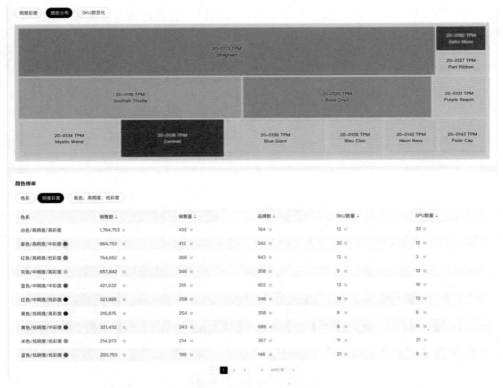

图 7−28　色彩趋势分析示意图

（3）图库分析。通过获取全网流行相关图片，包括时装周照片、时尚主流网站图片、展会照片等，通过 AI 技术进行主要部件及颜色的分析，使设计师能通过关键词快速找到参考图。产品图库如图 7−29 所示。

图 7-29　产品图库

（4）智能生成。通过一张图片，根据具体场景进行创作，包括灵感设计、多款融合、以图生款等功能。智能生成界面如图 7-30 所示。

图 7-30　智能生成界面

（5）选款。集成 Revofim 与 KicksCAD，通过 AI 算法辅助，使设计师基于时谛智能或合作方提供的基础款式快速进行选择。选款界面如图 7-31 所示。

图 7-31　选款界面

（李晶晶、周晋、曾杰）

第八章　数字化设计技术

一、制鞋行业数字化技术现状

信息化与工业化的融合是当今制造业发展的主要趋势。数字化技术作为信息化的重要手段，实现了产业化应用；运用数字化技术，能够有效提升制造业的信息化水平，提高产品研发效率，这也是目前传统制造型企业转型与创新发展的新思路和高效武器。然而，传统的信息化和数字化系统兼容性较差，导致众多信息孤岛形成。这些信息孤岛使同一个产品开发的协作过程十分困难。因此，打破信息壁垒，实现产品开发过程的互联和互通是企业实施数字化战略的主要方向。

（一）鞋类产品生命周期研究现状及趋势

在信息化变革背景下，首先梳理产品生命周期的特点，开展系统性研究，才能够掌握产品研发和销售的趋势及规律，从而取得产品在市场中的领先优势。鞋类产品属于短生命周期产品，具有较高的换代频率，生命周期具有自身特点。鞋类产品生命周期适用于特定市场，具有独特性和不可替代性。不同细分市场的侧重点各有不同，这也直接导致鞋类产品在不同细分市场中产品生命周期不一样。此外，鞋类产品生命周期受到季节、流行趋势、技术更新等外在因素的影响，产品生命周期曲线呈现各种形式。因此，鞋类产品生命周期的研究是一个复杂的科学和管理课题。

现有的方法是将鞋类产品周期与鞋类销售变动情况相互结合，通过建立鞋类产品生命周期模型，来提高鞋类产品销售预测的精度。在互联网和信息化背景下，新型的产品生命周期不仅包括产品从设计到销售的过程，还更加注重产品生命周期内涵的延伸。一方面，运用大数据的思想构建产品信息的采集平台、分析平台和共享平台，并在流行趋势、产品研发方面开展研究；另一方面，结合数字化设计和虚拟渲染的方式实现产品的展示，定义新的消费者体验，从而对生命周期内涵进行补充。

（二）鞋类大数据应用

在鞋服行业，英国大数据服务公司 Editd 通过 Twitter、Facebook 收集消费者对某元素的积极或消极观念，并转化为数据，观察其随着时间推进发生的变化，从而整理出流行产品的配置、营销策略及趋势，并提取观点和分析情况提供给相关企业。

陈灵哲指出，大数据对创意行业有深刻的影响，这种影响发生在信息获取、用户感知和参与度的设计创新、实时互动评价的协同创新。

（1）用户体验侧的应用——智能辅助设计。

在设计师/开版师的日常工作中，常常有很多与设计无关的烦琐事务，占用了大量时间与精力，降低了工作效率。实现线上智能辅助设计后，能够根据设计师/开版师日常工作建立模型，辅助其设计工作，如线条预测及生成、错误修正、智能标记等。

（2）市场营销侧的应用——全域用户深入洞察。

传统制鞋产业关于大数据的建立缺乏整体性，大部分系统独立构建，子系统之间的数据无法共享，不同渠道和品牌各自运营且权益不统一，用户数据无法共同管理及应用。这些问题都限制了企业无法对用户进行细分，无法深入洞察用户特点。因此，必须构建统一的大数据处理系统，结合制鞋产业的特性，对用户数据进行统一管理和分析，实现用户全生命周期的管理，能够自动化精细营销，并挖掘高复购率和高潜力用户。

（3）供应链侧的应用——智能化库存平衡。

目前制鞋产业竞争越来越激烈，鞋类产品款式趋同性越来越高，供应链的能力显得越来越重要。如何快速反映市场变化、不同时期市场需求量是多大、库存水平如何等问题，都会影响企业的市场竞争力。因此，库存平衡是所有企业必须解决的一个问题。通过共享数据、利用数据，为实现智能化库存平衡奠定基础。

智能化库存平衡是通过数据采集，结合历史销售数据分析库存趋势，利用大数据技术实现系统出单自动补货，目标是通过供应方式（供应时间、数量、周期等）的决策来平衡仓库供需平衡，使库存最小化实现店铺售卖需求，并减少库存积压成本，保证供应链的降本增效。

（三）CAD/CAM 技术研究进展

CAD（Computer Aided Design）技术是一种用计算机硬软件系统辅助人们对产品或工程进行设计的新方法，一门多学科综合应用的新技术，包括设计、绘图、工程分析与文档制作等活动。CAD 技术的核心和基础是计算机图形图像处理技术。CAD 技术的发展与计算机图形学密切相关，随着计算机及其相关设备的发展而进步。

CAD 技术发展经历了以下阶段：①20 世纪 60 年代，受软硬件技术的限制，CAD 大多采用线框建模技术进行产品设计工作。这种模型无法对对象特点做出明确定义，造型也会产生不确定性，给设计制造工作带来很大困难。②20 世纪 70 代，贝塞尔（Bezier）提出一种以其命名的算法，使计算机运算曲线及曲面造型更光滑，促进了曲面建模（Surface Model）及计算机辅助制造在处理对象表面加工方面技术的发展，使产品制造能够与设计理念更加契合。③20 世纪 80 年代，美国的 AutoDesk 公司研发出 AutoCAD，此时 2D 与 3D 软件竞相发展，对象建模由曲面建模（Surface Model）转变为实体建模（Solid Model），有效缩短了建构模型的时间，简化了程序，并加入动态尺寸标示使产品造型的修改更方便。同时，解决了以往无法计算产品的质心、重心、惯性矩等问题，减少了设计与实际工作的冲突。④20 世纪 80 年代中期，美国 PTC 公司的工程师研究开发出用可输入参数的方式对模型进行尺寸修改的软件，即参数化设计，代表软件为 Pro/Engineer，这种以实体造型技术加上可设定参数的软件迅速占领 CAD 软件市场，并广泛应用于运动学分析、物理特性计算、装配干涉检验、有限元分析等方面。⑤CAD技术的再一次发展是由复合式建模与变量式建模带来的。复合式建模是集合线框建模、曲面建模与实体建模为一体的技术，软件以模块化方式将建模功能融入其中，并采用部分参数化设计。变量式设计即超变量化几何（Variational Geometry Extended，VGX），是以参数式建模为基础发展的新技术，这种技术给设计者提供了更多的灵活修改空间，UG、CATIA、I—DEAS 与 Solid Works 均采用这种技术。⑥CAD技术发展的第六个阶段即发展了行为建模（Behavioral Model）技术，其功能体现在三个方面：智能模型，目标驱动的设计能力，开放、可扩展的开发环境。行为建模包括构造设计、灵敏度分析、可行性分析、多目标设计和用户自定义特征等内容。借助行为建模器，设计师可以迅速掌握设计理念，定义设计参数，由计算机快速计算出最佳解。可以说行为建模技术已成为三维设计的最好助手。时谛智能采用行为建模技术，搭建了首个鞋类数字化虚拟设计软件运营服务（Software as a Service，SaaS）平台。

意大利、法国等制鞋工业发达国家在 20 世纪 70 年代就开始鞋类数字化的研究和应用，1976 年第一台制鞋计算机辅助设计系统（如 Delcam CRISPIN、Shoemaster、Lectra 等）问世，普及率达到 90％以上，尤其是在鞋楦设计、样版设计、生产制造自动化等方面。

20 世纪 90 年代初期，我国开始制鞋产业 CAD/CAM 的研究和应用，如"计算机辅助设计/辅助制造（CAD/CAM）在鞋楦鞋帮设计加工中的应用""皮鞋计算机辅助设计/辅助制造（CAD/CAM）集成系统的开发和应用"，这两项课题的研究成果为鞋类产业数字化设计的理论研究和软件开发奠定了基础。邱飞岳研究了鞋样部件计算机辅助设计及优化排样系统的设计与实现，并开发 Shoesmart 系统；陈俊华等研究鞋楦逆向设计及制造方法，开发了相关应用软件。近年来，时谛智能自主开展 2D CAD 系统和 3D CAD 系统的研发，推出具有较高水平的 CAD 系统，如图 8－1、图 8－2 所示。

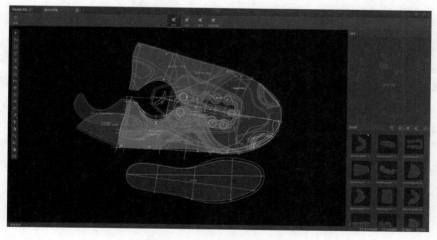

图 8－1　2D CAD 系统界面

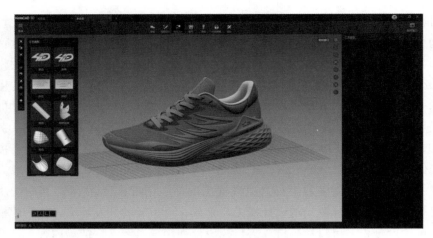

图 8-2　3D CAD 系统界面

（四）数字化设计平台相关技术研究进展

数字化设计平台是包括设计软件、数据库、用户终端。在平台内，设计师能够完成鞋款的多维设计。研究人员在数字化设计平台的构建、兼容设计软件和三维数据库方面有一定研究，我国制鞋企业使用较为广泛的是数字化开发和 ERP 管理系统，包括 2D 版样设计和数字化切皮机的结合、鞋类产品前期信息化开发、产品定位、3D 虚拟设计和 2D 样版制作、自动化成本核算系统、生产 ERP 管理系统、供应链管理系统、零售终端监管。我国鞋类数字化设计平台极具发展潜力，制鞋 CAD/CAM 技术快速发展，制鞋企业对能够实现创新设计、产品研发、高端制造的 CAD/CAM 系统需求越来越强烈。制鞋 CAD/CAM 技术已成为我国制鞋产业的核心，数字化设计提高企业反应能力、缩短研发周期、降低劳动强度、改善工作环境、降低研发成本、提高整体设计水平。

二、鞋类数字化技术的定义和内涵

数字化有狭义及广义两种定义。狭义的数字化是将许多复杂信息转变为可以度量的数字、数据，再以其为基础建立对应的数字化模型；广义的数字化还包含行业生命周期所产生的大量数据、图像及模型。数字化包括两个方面：一是管理数字化（ERP 管理系统、数字化仓存物流系统、电子商务系统等），其任务是在产品设计阶段，将管理过程中的各种指令或表单数据化，从而实现企业内部数据的传递和共享。二是生产制造数字化（计算机辅助设计系统、计算机辅助制造系统），着重生产加工阶段，完成数控编程、加工过程仿真、数控加工、质量检验、产品装配等工作。因此，我鞋类数字化是将鞋类生命周期中所涉及的部件、设计方法、加工方法、工艺流程等内容以数据、图像、模型等方式呈现，如三维建模技术、虚拟渲染技术、产品加工策略技术等。

三、关键数字化技术

（一）曲面展平技术

鞋类曲面展平是计算机辅助设计领域常见工艺，也是数字化设计中的重要环节。按照复杂程度和计算生成算法，曲面可以分为简单曲面和复杂曲面。简单曲面大多数为可展曲面，其每一点处高斯曲率为零，包括柱面、锥面和切线平面等。可展曲面展开前后存在等距相对应关系，是精确的。复杂曲面通常是贝塞尔曲面或非均匀有理 B 样条曲面，大都为不可展曲面。不可展曲面的展开主要采用化曲为直的方法，其展开曲面和原始曲面有一定误差，在展开过程中，应将误差控制在一定精度范围内。目前，复杂曲面展平方法主要包括三种：①几何展平。从曲面的几何特性出发，按一定规则（如保持面积不变、边界长度不变等）将曲面展开为平面。展平应满足样版面积在展开前后变化量最小，形状、边界长度及夹角关系在展平前后应尽量保持不变。②力学展平。首先采用三角片模型来表达一个曲面，将平面三角形网格视为一个弹簧质点系统，其物理量与几何量对应，如力、弹性变形能及质量由网格节点间的距离和三角片的面积确定，网格与展开后的形状差别可视为储存在弹簧质点系统中的弹性变形能，通过弹簧质点系统变形由初始平面映射得到曲面展平形状。③几何展平/力学修正。首先，将成形零件进行几何展平，把曲面划分成一系列条形区域，用若干直纹面分别逼近每个条装区域，展开每个直纹面，将每个直纹面的展开曲面转到同一平面上。其次为力学修正，在初始展开面的缝隙中增加若干条状面，将零件材料特性赋予初始展开面，对其进行有限元网格划分、载荷施加、缝隙封闭，用样条曲线逼近展开后的轮廓，得到最终展平形状。

（二）取跷技术

在样版设计中，展平是从曲面到平面的转换，贴楦是从平面到曲面的转换。平面和曲面相互转换的误差就是跷度，弥补误差的过程就是取跷处理。对鞋楦进行曲面分析，跷度主要在楦面跗跖部位产生，其大小取决于部件弯曲程度。当部件跨过跖背弯曲部位时，跷度就大，反之就小。传统取跷技术有背中线鱼刺法、轮廓线褶皱法（乱廓线鱼刺法）、口门剪口法、平面作图法、旋转取跷法。然而这些方法都不能量化误差，导致样版轮廓线条变形量过大，需要反复修整和试帮。2D 样版取跷技术耗时多、难度大、容易产生误差，许多 CAD 制鞋开版软件都有自动取跷功能，相比手工取跷速度快、误差小，软件会自动分析取跷后的线条数据差，获得取跷结果。

（三）建模技术

建模技术是 CAD 系统的核心技术之一，是计算机辅助设计的基本手段。三维建模的主流方式有多边形建模和曲面建模。多边形建模是把三维物体细分为若干空间内闭合的多边形（一般为三角形）。首先将一个对象转化为可编辑的多边形对象，然后通过对该多边形对象的各种子对像进行编辑和修改来实现建模过程。可编辑多边形对象包含

Vertex（节点）、Edge（边界）、Border（边界环）、Polygon（多边形面）、Element（元素）五种子对象模式，与可编辑网格相比，可编辑多边形显示出更大的优越性，即多边形对象的面不只可以是三角形面和四边形面，还可以是具有多个节点的多边形面。曲面建模是先由曲线组成曲面，再由曲面组成立体模型。曲线有控制点可以控制曲线曲率、方向和长短。一般来讲，曲面建模首先通过曲线构造方法生成主要的或大面积的曲面，然后进行曲面的过渡和连接、光顺处理、曲面编辑等，最后完成整体造型。

鞋类产业的数字化离不开建模技术。目前，SolidWorks、UG/NX、Pro/E、CATIA 等 CAD 软件主要针对机械工程建模，对于像鞋子这种有大量曲面和分片的模型，建模过程复杂、使用困难。目前，时谛智能研发针对的鞋类产品设计的 CAD 软件KicksCAD 可以让非专业建模的设计师快速上手，集成诸多专业造型工具，使设计与开发协同，有效提高效率。KicksCAD 可以导入多种类型的鞋楦和矢量线稿，支持复杂的鞋面造型和缝合线造型，提供多种鞋面造型工具和部件建模工具，有助于用户快速进行三维鞋面设计。

（四）3D 渲染技术

渲染是模型生成图像的过程。现实物体有着各种表面材质特征，受到环境、光线等的影响。渲染是将三维场景中的模型，按照设定好的环境、灯光、材质及渲染参数，投影成二维数字图像的过程。渲染技术分为真实感渲染和非真实感渲染。真实感渲染是模拟生活中真实存在的视觉现象，力求最大限度地还原场景和模型的真实感；非真实感渲染并不追求真实感，而是追求艺术效果。渲染理论经历了一系列发展：朗伯模型是Johann Heinrich Lambert 在 1760 年提出的光照模型，这是计算漫反射的传统光照模型。漫反射是光源投射在粗糙表面向各个方向反射的现象。漫反射光的强度近似地服从于 Lambert 定律，即漫反射光的光强仅与入射光的方向和反射点处表面法向夹角的余弦成正比。之后，研究人员不断基于该理论进行提升：Phong 光照模型增加了镜面反射部分，使物体渲染效果更接近真实世界；Cook-Torrance 微表面模型考虑在同一景物中不同材料和不同光源的相对亮度，描述反射光线在方向上的分布及其随入射角改变时颜色的变化，并能求得由实际材料制成的物体反射光线的光谱能量分布，并精确地再现颜色。Oren-Nayarh 漫反射模型考虑微小平面之间的遮挡和反射照明，在一定程度上模拟了真实物体的表面粗糙度，使物体更有质感；GGX 模型解决了如何将微表面反射模型推广到表面粗糙的半透明材质，从而能够模拟类似毛玻璃的粗糙表面的透射效果。

渲染工程的关键技术在于渲染体系架构、着色器、场景等。目前主流的渲染体系为OpenGL 和 DirectX 3D。DirectX 3D 是一个底层图形 API，OpenGL 是一个跨平台标准图形 API。两者的基本原理为使用顶点定义空间坐标、颜色、几何图元形状等。渲染体系架构的核心是图形渲染管道，指把一个 3D 场景转换成可在显示屏显示的 2D 场景的一系列步骤。近年来，渲染技术主要向着更逼真、更复杂、效能更好，并能结合不同模型的综合性技术的方向发展。

（五）材料数字化扫描技术

实现材料的数字化不仅需要对材料图像的高精度获取，而且需要软件算法进行真实还原。以时谛智能 Versekit 材料扫描系统（图 8-3）为例，其结合 AI 算法与工业光学系统，优化机器视觉捕捉配置，能够获取高精度的材料扫描图像，如图 8-4 所示。

图 8-3　Versekit 材料扫描系统

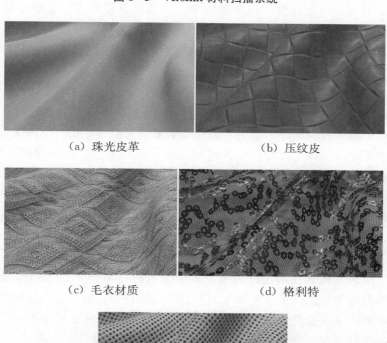

（a）珠光皮革　　　　　　　　（b）压纹皮

（c）毛衣材质　　　　　　　　（d）格利特

（e）飞织面料

图 8-4　高精度的材料扫描图像

（六）有限元模拟技术

有限元模拟技术的通用性强、物理概念明确，在建模过程中不会受到几何形状的限制，所分析的物体区域可以具有任何形状，分析时附加的边界条件和载荷没有限制，赋予材料属性时不局限于各向同性，单元之间可以赋予变化，甚至单元内部也可以赋予变化，可以运用到各种问题中，可以将具有不同数学描述和行为的分量结合起来，有限元网格的细分可以有效地改善模型的仿真效果和解的逼近度。市场竞争日益激烈，各行各业对高技术性和创新性的要求更为紧迫，有限元模拟技术是提升产品质量、提高设计效率、增加产品附加值和增强市场竞争力的重要手段。

（七）3D 打印技术

3D 打印技术是快速成型技术的一种，是以数字模型文件为基础，运用粉末状金属或高分子等可黏合材料，通过逐层打印的方式构造物体。切片过程是 3D 打印技术的核心，切片算法会直接影响切片速度和后期打印效果。切片形成的轮廓可能出现冗余、轮廓不清、理论与实际有差距等问题，需要对切片结果进行优化处理。当前常用开源切片软件为 Cura，具有切片速度快、设置参数少、容错性好等特点，能够很好地完成切片及后处理工作。由 CAD 模型到实体模型的过程可以分为离散和堆积。离散即对模型进行切片处理，堆积就是设备根据切片结果提供的 G 代码完成打印。常用针对 STL 模型进行等层厚分层算法和适应性分层算法，并基于 CAD 软件（如 AutoCAD、SolidWorks）进行二次开发。

制造业发展包括制造模式的改变。3D 打印实质上是将集中的制造模式转变为分散的制造模式，可能导致高度细分的生产流程体系重新变得扁平化，使传统意义上的设计师变成类似手工业时期的生产者，对新制造模式下的产品生产有深刻的影响。3D 打印技术并不是对当前制造模式的简单替代和升级，其与传统制造方式融合，搭建了一条由设计通向制造工程的"高速公路"。设计师、工程师和消费者都在一个扁平的架构中协同，共同提升产品的使用价值。

（八）虚拟现实（VR）和增强现实（AR）技术

虚拟现实技术是仿真技术与计算机图形学、人机接口技术、多媒体技术、传感技术、网络技术等的集合。虚拟现实技术主要包括模拟环境、感知、自然技能和传感设备等方面。随着数字化和信息化发展更新，越来越多的技术可用于鞋类产品交互和体验过程中，对产品进行模拟、个性化设计、风格识别等。在制鞋行业，通过虚拟现实技术，能够呈现鞋类产品的设计和试穿效果。基于虚拟鞋款试穿系统（图 8-5），向用户直观呈现鞋款及穿着效果。

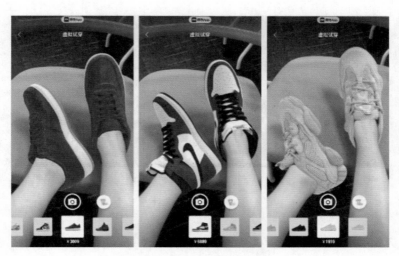

图8-5　虚拟试穿

四、数字化技术的发展

我国组织实施了制造业信息化科技工程项目，推动设计数字化、制造装备数字化、生产过程数字化、管理数字化和企业数字化等方面的发展。数字化制造技术在我国已经取得一定规模的应用：一是计算机辅助设计（Computer Aided Design，CAD）、计算机辅助工程（Computer Aided Engineering，CAE）、计算机辅助工艺过程设计（Computer Aided Process Planning，CAPP）、计算机辅助制造（Computer Aided Manufacturing，CAM）的推广应用，改变了传统的设计、生产、制作模式，已成为我国现代制造业发展的重要技术特征；二是制造资源计划（Manufacturing Resource Planning，MRP）、企业资源计划（Enterprise Resource Planning，ERP）的推广应用；三是计算机制造集成系统（Computer Integrated Manufacturing Systems，CIMS）的推广应用；四是网络建设方面，近年来计算机网络、高速信息公路、数据库技术和虚拟现实等计算机信息科学技术飞速发展。这些数字化技术给制鞋产业的数字化发展奠定了基础，未来制鞋产业数字化技术发展主要实现以下目标。

（一）网络化

Quest Mobile发布的《中国移动互联网2019半年大报告》显示，2019年上半年，我国移动互联网月度活跃设备规模11.4亿。2020年，我国移动互联网用户使用时长增加，人均单日使用时长比平日增长21.5%，同时继续保持移动端用户超越个人电脑端用户的态势。另外，传统制造行业发生变化，对于制鞋行业，鞋类产品的流行周期越来越短。制鞋企业及时获取信息、快速准确地把握市场动向是其提高市场竞争力的关键。随着数字化技术的发展，远程设计和协同设计使消费者自我设计成为可能（图8-6），虚拟设计网络化也为计算机集成制造系统的实现创造了必要条件。因此，应建立网络化的数字化技术平台。

（a）真实样品　　　　　　　　（b）虚拟样品

图8-6　协同设计

（二）立体化

现在的鞋类设计模型都基于二维平面。相较于 2D 鞋样设计，3D 鞋样设计可以直接展示鞋样配色、配材效果，方便沟通，减少重复制作，降低人力和时间成本，易于保存。基于立体化的数字化技术，可以实现虚拟订货、预售等新模式。立体化设计平台如图 8-7 所示。

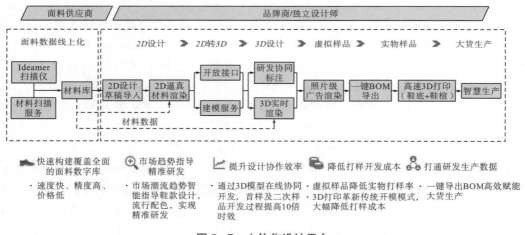

图8-7　立体化设计平台

（三）集成化和在线化

数字化技术不仅包括设计模块，还包括逆向工程，数字化制造，数据信息的汇总、生产和销售等模块，构成计算机集成制造系统。集成化是制鞋企业对产品设计、生产、销售过程进行全局管理和控制。以时谛智能 Ideation 数字化协同平台（图 8-8）为例，它是为时尚产业链建立虚拟 3D 原型的数字化设计和数字化供应链协同平台，能够实现鞋、服、包产品的 2D/3D 协同设计、在线虚拟评审、协同办公、虚拟试穿和虚拟展厅等功能，搭建的 SaaS 平台极大地降低了企业和设计师导入 CAD 的门槛，开发了系列化材质扫描装备，构建了超过 40000 个模型的数字化材料库。

图8-8 Ideation数字化协同平台

（四）虚拟现实

虚拟现实技术和渲染技术相结合可以快速直观地呈现鞋类产品的试穿效果，提高消费者在产品开发过程中的参与度。互联网时代，消费者和产品设计与生产者并不是孤立的，而应是互相影响的产品开发和生产的共同参与者。数字化技术已经各行各业得到了广泛应用，数字化技术应从传统的CAD设计或CNC加工延伸到虚拟现实、3D打印等方面。

（五）元宇宙数字化产品

元宇宙（Metaverse）最早由扎克·伯格提出，是人类运用数字技术构建的，由现实世界映射或超越现实世界，可与现实世界交互的虚拟世界。虚拟服、鞋、包在元宇宙成为虚拟人物的装备，元宇宙数字化产品将成为潮流领域的新时尚。

2022年的深圳时装周，以"时尚元宇宙"为主题灵感，综合应用5G、大数据、云计算、人工智能、虚拟现实等信数字化技术，推出"线上走秀与元宇宙线上发布"的创新结合，将秀场、新季服装导入元宇宙进行全方位展示。时谛智能搭建了虚拟服装和鞋包的数字化场景，在元宇宙空间以虚拟人物呈现现实秀场的服装及时尚品牌。

（林子森、李晶晶）

第九章　鞋用新材料及功能材料

一、鞋用材料现状

材料是鞋的基本组成要素。根据鞋类产品结构，鞋用材料组成可分为鞋面材料、中底材料、鞋底材料、鞋用辅料等；根据常用材料类型，可分为皮革材料、合成革/超纤材料、纺织材料等。材料不仅是对鞋类产品的外在表达，使其美观、时尚，而且决定了鞋类产品具备的功能及价值。

（一）鞋面材料

由于真皮结实耐用，具备吸水透气能力，因此其是鞋面常用材料。随着时尚潮流的发展，合成革和超纤材料逐渐成为可选择的材料。另外，飞织类运动鞋的大规模流行，使纺织材料也成为鞋面常用类型。目前，鞋面材料以皮革、超纤/合成革、纺织材料为主。

（二）中底材料

中底主要保证鞋的支撑性和稳定性，同时辅助鞋外底实现缓冲功能。中底主要采用纤维板和高分子材料。一般情况下，中底采用纤维板，其主要优点有塑型简单、装配容易、吸湿性好等。高分子材料中底通常用于运动鞋和休闲鞋，通常采用 EVA 和 PU，主要作为鞋外底的重要补充。

（三）鞋底材料

鞋底材料主要有皮革材料和高分子材料两类。传统鞋底材料主要是天然橡胶经过硫化制成耐磨性好的材料。但因橡胶密度高、弹性差，其逐步被乙烯－醋酸乙烯酯共聚物（EVA）、聚氨酯（PU）等高分子材料取代。真皮鞋底通常由植鞣皮革制成，透气性、吸湿性、合脚性、弹性较好，易定型，但其不耐水油浸泡且价格较高。真皮鞋底浸泡后容易翘曲变形或腐烂。随着 3D 打印技术的发展，聚乳酸（PLA）、TPU 等丰富了鞋用材料种类。另外，连帮注射的普及使鞋底从单一结构转变为复杂结构，赋予鞋底多重功能。鞋底材料主要有橡胶类、发泡类、塑料及复合功能类、超临界类，如图 9－1～图 9－4 所示。

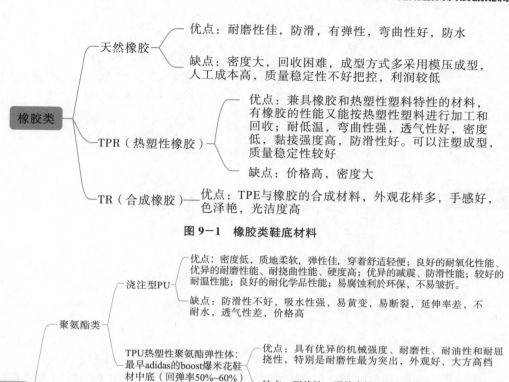

图 9-1　橡胶类鞋底材料

橡胶类
- 天然橡胶
  - 优点：耐磨性佳，防滑，有弹性，弯曲性好，防水
  - 缺点：密度大，回收困难，成型方式多采用模压成型，人工成本高，质量稳定性不好把控，利润较低
- TPR（热塑性橡胶）
  - 优点：兼具橡胶和热塑性塑料特性的材料，有橡胶的性能又能按热塑性塑料进行加工和回收；耐低温，弯曲性强，透气性好，密度低，黏接强度高，防滑性好。可以注塑成型，质量稳定性较好
  - 缺点：价格高，密度大
- TR（合成橡胶）
  - 优点：TPE与橡胶的合成材料，外观花样多，手感好，色泽艳，光洁度高

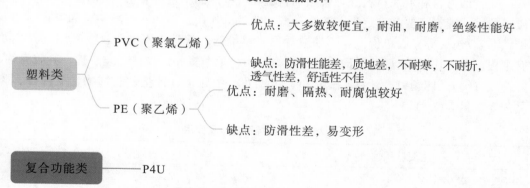

图 9-2　发泡类鞋底材料

发泡类
- 聚氨酯类
  - 浇注型PU
    - 优点：密度低，质地柔软，弹性佳，穿着舒适轻便；良好的耐氧化性能、优异的耐磨性能、耐挠曲性能、硬度高；优异的减震、防滑性能；较好的耐温性能；良好的耐化学品性能；易腐蚀利於环保，不易皲折。
    - 缺点：防滑性不好，吸水性强，易黄变，易断裂，延伸率差，不耐水，透气性差，价格高
  - TPU热塑性聚氨酯弹性体：最早adidas的boost爆米花鞋材中底（回弹率50%~60%）
    - 优点：具有优异的机械强度、耐磨性、耐油性和耐屈挠性，特别是耐磨性最为突出，外观好，大方高档
    - 缺点：耐热性、耐热水性、耐压缩性较差，外观易变黄，加工中易黏模具，较硬、较重，透气性差
- EVA类（乙酸乙烯共聚物）——包括一次发泡和二次发泡成型（回弹率30%）
  - 优点：密度低，弹性好，柔韧好，不易皱，有极好的着色性，适于各种气候
  - 缺点：回弹率损失较快，黏合性不好，易开胶，耐磨性不好
- SBS（TPR橡胶）
  - 优点：质量小、无异味、可回收、防滑性好

图 9-2　发泡类鞋底材料

塑料类
- PVC（聚氯乙烯）
  - 优点：大多数较便宜，耐油，耐磨，绝缘性能好
  - 缺点：防滑性能差，质地差，不耐寒，不耐折，透气性差，舒适性不佳
- PE（聚乙烯）
  - 优点：耐磨、隔热、耐腐蚀较好
  - 缺点：防滑性差，易变形

复合功能类——P4U

图 9-3　塑料及复合功能类鞋底材料

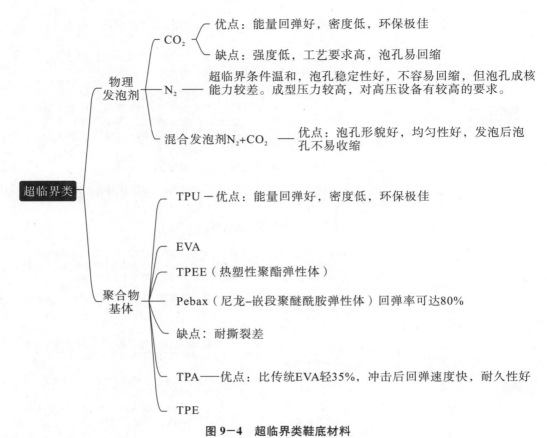

图 9-4　超临界类鞋底材料

（四）鞋用辅料

除鞋面材料和鞋底材料外，鞋用辅料也在鞋类产品中发挥着重要作用。一双具有品质感的鞋，辅料需要具有定型、防止变形和撕裂的作用。然而一些辅料（如衬布、加强带、港宝/包头等）因单价低，不易被看见、单价低，常常得不到重视。鞋用辅料主要有主根、包头、鞋眼（圈、钎）、鞋带、橡筋布、尼龙搭扣、拉链、丝、棉、乳胶海绵、麻缝线（绳）、四角钉、牙钉、无纺布、定型布、中底板、鞋垫、装饰物、支撑件、胶黏剂等，见表 9-1。

表 9-1　主要鞋用辅料及作用

主要鞋用辅料	作用
主跟、包头	支撑、定型
定型布	保护脚面、减少摩擦
中底板	支撑脚底、保证平衡
钢条	固定、支撑
四角钉、牙钉	保持高跟鞋稳定
胶黏剂	黏合、定位

二、鞋用新材料及功能材料的发展趋势

（一）皮革发展趋势

鞋用皮革将向生态化、功能化、时尚化发展。

（1）生态化。铬鞣革中的三价铬在特定条件下可能转变成对人体有害的六价铬，且鞣制皮革采用的鞣剂大多含有害重金属，因此皮革鞣制过程去重金属成为制革工艺的重点。由此，鞋用皮革材料向生态化发展。鞋用皮革材料的生态化主要是研究和开发清洁材料和满足生态要求的生产技术，制造过程不产生污染，加工成皮革制品过程无害，皮革的使用对人体无害，可生物降解，制革过程中产生的毛、边角废料的处置要满足产业可持续发展要求。传统制革工艺中的脱毛采用毁毛脱毛法，即将牛毛直接放入硫化物溶液中降解，此法会造成废水中高负荷硫化物和有机物污染，增大废水处理难度。当前，可采用高效生物技术从废弃牛毛中提取角蛋白，采用物理化学方法对其进行改性处理，产物可作为复鞣剂、涂饰剂和补伤膏等用于制革工业，实现高效闭环回收再利用。另外，制革过程中的边角废料（未鞣制）可以直接回收，通过水解制备明胶；制鞋过程中的边角废料已进行鞣制，可研磨成活性粉体，得到松散的皮胶原纤维，通过纤维的再造技术使其均匀分散，最终得到复合皮革产品或其他衍生制品。

（2）功能化。为适应市场需求，在保持天然皮革性能的基础上，开发高性能的功能性皮革，如防水皮革、阻燃皮革、抗菌皮革、电磁屏蔽皮革、透明皮革、变色皮革、芳香皮革、防污皮革、防油皮革、水洗皮革等，见表9-2。

表9-2　功能化鞋用皮革

功能化鞋用皮革	简介
防水皮革	经过特殊防水处理，可以实现皮革的动态防水、静态防水、虹吸防水、防泼水等功能。主要用于户外靴、登山靴等特种鞋靴
阻燃皮革	没有经过阻燃处理的皮革的燃烧氧指数一般为21%～27%，属于可自熄材料。用阻燃剂处理过的皮革，燃烧氧指数可提高至30%以上，满足高温熔融物滴落后，一定时间内不燃烧、不穿透。主要用于消防靴、高温环境工作靴等特种鞋靴
抗菌皮革	皮革及其制品含有被微生物利用的营养物质，是微生物良好的寄生地。如果外界温度、湿度适宜，微生物就会生长繁殖，严重影响皮革及其制品的质量，甚至影响使用者的健康。由纳米银抗菌剂或其他抗菌材料处理后的皮革可具备抗菌功能，提升皮革实用性。以阴离子型纳米银复合抗菌材料处理的皮革为例，阴离子型纳米银可通过选择植物源性的含羧基小分子作为稳定剂，用化学还原法制备稳定性高、低毒性、抗菌高效的皮革材料。因为稳定剂表面多羧基，可以和大部分阴离子水性树脂相容，既可以作为涂饰剂，又可以作为复鞣剂与皮胶原纤维相结合，制备具有抗菌性能的功能性皮革。抗菌皮革耐水洗、耐湿擦、耐干擦，具有优异的稳定性

续表

功能化鞋用皮革	简介
电磁屏蔽皮革	电磁屏蔽皮革具有优异的电磁屏蔽性能，可通过调控其复介电常数和复磁导率进行有效控制。电磁屏蔽皮革可对 0.5～3.0 GHz 的通信信号实现全频段屏蔽，屏蔽效率达 80 dB；可对 8.0～12 GHz 的 X 波段雷达全频段屏蔽，屏蔽效率达 90 dB。电磁屏蔽皮革还具有优异的可穿戴性，可任意裁剪
透明皮革	一些具有特殊用途的皮革（如鼓皮、羊皮纸等）具有一定透光度，但其往往既硬又脆，弯折后会产生难以恢复的折痕，甚至发生断裂。采用可与胶原纤维结合且不容易挥发的多官能团物质处理裸皮，皮革干燥过程中不易流失，既防止纤维束粘连，又在纤维束发生相对运动时产生润滑作用，以生产既透光又柔软的透明皮革

（3）时尚化。皮革的时尚化发展即研究开发色彩、效应类助剂满足时尚化皮革开发需要。当前，市场较为成熟的经典风格皮革品种主要有龟裂效应革、摔纹革、擦色效应革、消光革、珠光革、荧光效应革、珠光擦色效应革、仿旧效应革、水晶革（仿打光）、磨砂效应革、变色革、绒面革等。即使如热敏变色、透明皮革等的出现，皮革整体时尚度变化与超纤等材料也存在较大差异。因此，重点发展动物皮资源的多样性，以天然、自然为主要亮点，结合透明颜料膏体系替代金属络合染料的工艺，实现涂饰工艺的创新，从而实现皮革时尚化的弯道超车。时尚化鞋用皮革见表 9-3。

表 9-3 时尚化鞋用皮革

变色皮革	在皮革表面涂饰材料中加入光敏性颜料，当皮革受到不同波长、光强度的光照射后，皮革颜色会发生变化。变色皮革制成皮革制品后，即使处于同一空间，因使用者所处位置和光源不同，可展现不同的颜色
芳香皮革	用活性染料对 β-环糊精进行人工染色，用其包合香精形成彩色香精微胶囊应用于皮革涂饰，可赋予持久的芳香味道。通过选择不同香精，可使彩色香精微胶囊具有不同味道，满足消费者的个性化需求

（二）超纤材料发展趋势

随着人们消费水平不断提升，其对产品的功能和时尚度要求逐渐提高。超纤材料主要朝着高仿真、生态化和功能化方向发展。

（1）高仿真。超细纤维合成革产品除了在性能上尽可能超越天然皮革，也需要在纹理方面尽可能逼真。因此，可通过开发柔和手感的湿法含浸、细折纹的干湿法、防水透湿等技术，实现超纤革纹理的再造。

（2）环保性。超纤材料的环保性趋势如下：

①水性聚氨酯和水性合成革制造技术。与传统油性干法工艺、设备基本相同，涂层材料为水性聚氨酯。全水性干法发泡合成革转移涂层工艺流程如图 9-5 所示。

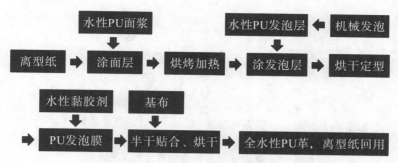

图9-5　全水性干法发泡合成革转移涂层工艺流程

②热塑性聚氨酯（TPU）合成革制造技术。TPU压延革工艺流程如图9-6所示。

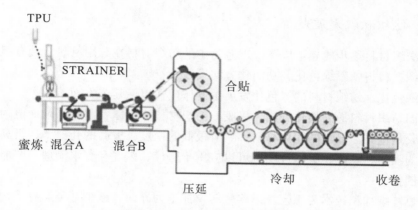

图9-6　TPU压延革工艺流程

③有机硅树脂及有机硅合成革制造技术。乙烯基硅油、含氢硅油在离型纸上原位反应，生成有机硅涂层，然后转移至基布上。有机硅涂层示意图如图19-7所示。

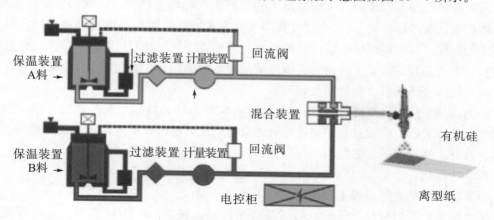

图9-7　有机硅涂层示意图

④无溶剂聚氨酯及无溶剂合成革制造技术。涂层在离型纸上原位生成，是利用异氰酸酯与聚氨酯预聚体经高速搅拌混合后涂覆在面层树脂经进一步原位反应生成合成革涂层。双组分无溶剂合成革生产工艺流程如图9-8所示。

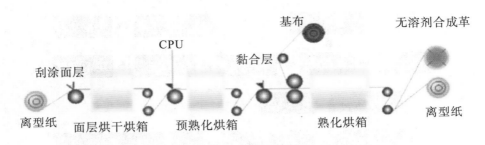

图 9-8 双组分无溶剂合成革生产工艺流程

（3）功能化。为了建立超细纤维的技术优势，需要开发抗菌、防霉、除臭技术，纳米光触媒技术，阻燃性、高剥离技术，防水、防油、防污技术，防辐射技术等。

（三）纺织材料发展趋势

功能纺织材料逐步成熟，以飞织工艺为主的纺织材料在鞋用材料领域有巨大的应用潜力。纺织材料将朝着绿色化、功能化方向发展。

（1）绿色化。纺织材料的绿色化发展主要体现在以下几个方面：

①废旧纺织材料的高值化利用。将废旧纺织材料作为原料制备高附加值的气凝胶材料，气凝胶是世界上最轻的固体材料，具有极低的密度、极高的孔隙率、极高的比表面积及优异的隔热、隔声、吸附性能，可以应用于医疗、废气和废水治理、节能建筑、航空航天、催化等。

②绿色纤维加工技术与工艺。以熔融纺丝加工为导向，减少甚至避免溶剂排放，降低溶剂回收成本，相应地，可对非熔融加工聚合物进行热塑性改性研究。对于只能采用溶剂法的纤维品种，加强对溶剂回收再利用的工艺和装备研究，提质增效，降低生产成本，进一步降低生产环节对环境和作业人员产生的影响。

③可降解纤维及纺织品（生物质及生物基纤维，如再生纤维素、聚羟基脂肪酸酯、壳聚糖、聚乳酸等纤维）。针对全球及我国现有大量废弃纺织品难以处理或难以高效回收利用的问题，可降解纤维及纺织品的开发尤为重要。建议针对可降解纤维及纺织品持续研发，一方面是降解工艺的研究，节能减排重点考虑；另一方面则可针对降解过程中的中间产物或全降解后产物的回收利用。

④循环加工使用（聚酯化纤等）。主要针对化纤品种，特别是聚酯纤维，重点研究其回收工艺和装备、回收过程中高效准确的分拣系统，进一步实现回收过程的环保和低成本。另外，回收加工后的塑料、切片能够再加工成其他高附加值制品。

（2）功能化。

纺织材料的功能化发展主要体现在以下几个方面：

①电磁屏蔽纺织材料。开发电磁屏蔽纺织材料，在 2～18 GHz 内电磁屏蔽效能达80 dB，具有良好的穿着舒适性，手感好，透气性佳，还具有抗菌、发热、防紫外线等功能。

②发热纺织材料。在普通纺织材料中加入发热材料，通过发热元件连接电池、温控开关，打开温控开关，电能转变为热能，使发热材料就产生热量，保证纺织材料具有持

久发热功能。发热温度可以在 25~70℃调控。

③超疏水纺织材料。通过纳米技术对纺织材料进行处理，获得具有超疏水性能的纺织材料。水滴可将材料表面一些污渍带走，具有自清洁功能。

④磁疗纺织材料。人体有生物磁场，故外磁场会影响人体生理活动。开发具有磁疗功能的纺织材料，可以调节机体功能。

⑤可穿戴传感纺织材料。开发对应变和应力敏感的纺织材料，用于测量微小变形和大变形，并具有长期重复使用的稳定性。可穿戴传感纺织材料还应具有柔韧、可延展、可自由弯曲、便于携带等特点，可监测人体状况。

⑥抗菌抗病毒纺织材料。新型冠状病毒感染的传播使抗菌抗病毒纺织品的研究变得十分迫切。可针对具有多重抗菌机理、有机聚合物本体抗菌的方向研究，对这一类纺织材料进行开发的过程中，还可循环加工利用，具有可降解、耐洗等特性。

⑦防霉纺织材料。霉菌很容易导致物质霉变和破坏。此外，防霉纺织材料可免受霉菌侵蚀或降低因霉菌生长而产生的损失，延长使用时间。

（四）鞋底材料发展趋势

鞋底材料发展是未来鞋类产品创新的关键。鞋底材料发展方向以轻量化、复合化、环保化和时尚化为主，具体如图 9-9 所示。

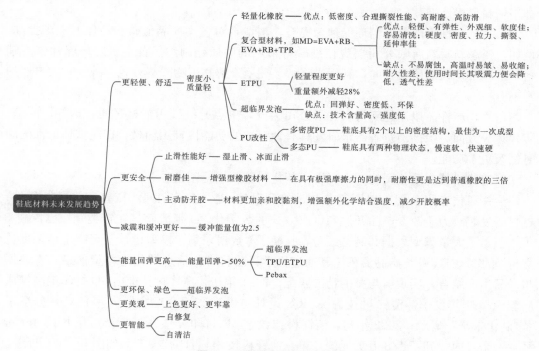

图 9-9　鞋底材料发展方向

（五）中底材料发展趋势

中底材料发展目标主要为轻量化、高回弹性、低压缩形变。

（1）轻量化。调整材料制备工艺，尝试混合不同弹性体，从而减轻中底重量、降低成本。如特步通过加入尼龙共混物使整个鞋材能够进行更大倍率发泡，减轻鞋材比重，相比传统 EVA 发泡体系，鞋材比重降低至 50%，拉伸强度提升 15% 左右，在减轻中底重量的同时，还保证了鞋材弹性。

（2）高回弹性。回弹性对于运动鞋是十分重要的力学性能，良好的回弹性可辅助运动员有更出色的表现。目前，鞋中底回弹性一般为 55%～60%，可通过改善混合物的结晶度有效提高材料的回弹性。例如，安踏的专利"一种运动鞋用高反弹发泡材料、其制备方法及其应用"提出，通过引入适量的异戊橡胶、三元乙丙橡胶等橡胶组分，经过一次发泡成型工艺，能获得反弹能力在 70% 以上的发泡材料，且各项力学性能良好。

（3）低压缩形变。压缩形变是鞋中底疲劳性的表现，如早期 EVA 鞋中底普遍存在久穿之后从软变硬，发生较大形变的现象，十分影响消费者穿着体验。早期 EVA 鞋中底的压缩形变量一般为 35%～40%，通过弹性体复配，目前的 EVA/橡塑鞋中底的典型压缩形变低于 35%。

（六）鞋用辅料发展趋势

随着消费者生活水平提高，其对鞋类产品在质量、性能、安全等方面的要求越来越高。因此，鞋用辅料从普通型向环保型、创新型、功能性转变，其中，环保性、功能性鞋用辅料最受欢迎。

（1）环保性。随着人们环保理念提升，消费者对鞋类产品低碳、环保的需求提高。例如，锴越新材料有限公司摆脱传统鞋材市场的同质化制约，自主研发环保性鞋用辅料，依照可持续的研发方向，利用光降解、环境降解和生物降解方式，减少对大自然的污染。

（2）功能性。以锴越新材料有限公司为例，重点升级鞋用辅材轻便、透气、耐磨、防异味等方面。根据消费者需求研发具有针对性的功能性鞋用辅材，在注重环保性的同时创新更多功能。

以清锋科技有限公司为例，对鞋用新材料创新进行阐述。

清锋科技有限公司（以下简称"清锋科技"）是一家专注于 3D 打印设备、软件、材料研发，致力于改变产品开发和生产方式的数字化 3D 制造商。在鞋类领域已深耕 5 年，积累了大量脚型数据和制鞋经验，打通了"数据采集—模型设计—定制生产—批量交付"的 3D 打印鞋类产品流程。其通过科学算法将脚部信息转化为鞋型信息，将数据与产品生产结合，实现脚与鞋的精准匹配。2021 年初，清锋科技推出 3D 打印定制糖尿病鞋；2021 年夏季，清锋科技为 ASICS 设计、生产奥运会纪念版人字拖，并分享了"定制化未来"概念；2022 年初，清锋科技数字 3D 打印鞋垫（AIFeet）在 Kickstarter 平台一个月内收到了近 8 万美元的订单。清锋科技 3D 打印鞋类产品如图 9—10 所示。

(a) 3D打印鞋底

(b) 3D打印鞋垫

图 9－10 清锋科技 3D 打印鞋类产品

（一）数字化制造解决方案

受到工序、成本等限制，传统模压工艺无法实现按需定制，而 3D 打印工艺可根据消费者需求进行定制生产。

为了实现快速定制化，清锋科技研发了 LuxCare APP（图 9－11），通过科学算法将脚部数据转化为鞋垫信息，精确匹配脚与鞋类产品，可以实现手机扫描、脚型数据提交、结合动态力学分析和参数化仿真设计、在线下单、C2M（用户直连制造）定制服务，简化了定制鞋垫流程，缩短了制作周期。

图 9－11　LuxCare APP

（二）EM 弹性材料

清锋科技 3D 打印鞋中底和鞋垫均采用自主研发的 EM 弹性材料（聚氨酯丙烯酸酯，是可实现快速打印的环保材料），如图 9－12 所示。结合参数化设计、力学分析及结构设计，EM 弹性材料能够在 100 万次疲劳测试后仍保持高回弹性能，较 EVA 发泡材料提升了近 10 倍。清锋科技 3D 打印鞋中底和鞋垫除了能大幅提升穿着舒适度，还可在医学临床诊断的基础上为患有足部疾病人群提供一定保护。EM 弹性材料还通过了服装及鞋袜国际 RSL 管理（AFIRM）的检测，是适合直接皮肤接触的穿戴类制造材料。

图 9－12　EM 弹性材料

（三）全制程生产效率高

清锋科技大面幅 LEAP 光固化 3D 打印机 Lux 3Li＋的打印尺寸为 400mm×259mm×380mm，还能够实现一些复杂工件的小批量生产，提高单机吞吐量。Lux 3Li＋可以提供稳定、高质量的打印，将"设计—打印—清洗—固化—交付"简化，大幅缩减了制作时间。

清锋科技可向客户提供完整工艺包和成熟数据，支持直接投入生产；搭配晶格模型自动生成平台/弹性体晶格设计软件 LuxStudio 和数据前处理软件 LuxFlow，可在产品设计前期对晶格、切片操作进行智能化处理；提供增材制造工件成型前准备和成型后加工"端到端"的解决方案。

在互联网高速发展的今天，"互联网＋先进制造业＋现代服务业"是制造业的发展重点，个性化定制十分重要。3D 打印技术正在被鞋类制造业所接受，具有极大的发展潜力，为创新型鞋类产品的面世带来更多可能。

（谭润香、周晋、杨磊）

第十章　制鞋产业信息化

一、制鞋产业信息化现状

随着我国信息化水平不断提升，传统行业的改革也在逐渐发生。机器加工行业作为典型代表，实现了从传统粗放型到信息化、数字化和智能化的转变。多年来，我国制鞋业是典型的粗放型产业，在鞋类技术和新材料的研发方面缺乏核心竞争力，存在产品同质化严重、科技含量不高等问题，制约着我国制鞋行业的发展。我国鞋类生产企业部分使用数字化开发和 ERP 管理系统，或将 2D 版样设计与数控切皮机的结合，改变了手工开发的局面。积极改革的鞋类生产企业开始使用鞋类前期信息化开发、产品企划、3D 设计、2D 样版制作、自动成本核算、生产 ERP 管理，供应链管理、零售终端数字化管理等系统，实现鞋类产品全生命周期管理，以及鞋类产品生产的标准化和自动化。我国制鞋产业信息化发展极具潜力。

二、制鞋产业信息化内涵及主要构成

（一）制鞋产业信息化内涵

制鞋产业信息化的内涵是将鞋类产品研发、设计、制造、销售全过程生产资料转换成数据，这些数据能够在各流程之间传输、处理和储存。

制鞋产业信息化是产业向 C2M 转型和柔性制造的关键。制鞋产业信息化过程就是将图片、文字等信息转换成数据，并进行存储和传输。鞋类产业信息化不涉及 CAD/CAM 技术，主要注重研发数据、产品数据、生产制造数据及销售数据的转换和存储。信息化是数字化的基础，只有实现了生产资料信息化，才能应用数字化设计及生产。

利用信息化可实现产品的成本控制、交期控制等。对于企业管理者，信息化能够提供更加全面的生产管理信息；对于研发设计师，信息化能够快速提供更直观、全面的设计资料；对于生产制造管理者，信息化能够提供新完整工艺单和现场生产状态；对于销售人员，信息化能够提供更加完善的产品资料，并有利于营销和分享。

（二）制鞋产业信息化的主要构成

（1）流行信息化，指对流行趋势信息的数据采集和分析。通过对流行趋势数据的二次分析和挖掘，建立各类算法模型，为预测流行趋势提供一定支撑。

（2）开发信息化，指鞋类产品设计中所需的跟、底、楦、辅料等信息，其是开发产品生命周期管理（PLM）系统的基础。

（3）设计信息化，包括设计中所需各种元素的信息数据，如二维图片或三维模型，不涉及 CAD/CAM 处理。

（4）生产信息化，主要指生产销售中的各类报表和指令单，其是开发企业资源计划（ERP）系统、生产执行（MES）系统和客户关系管理（CRM）系统的基础。

三、制鞋产业信息化的主要难点

产业信息化迅猛发展。以报喜鸟服饰为例，其云翼智能平台重点打造"三朵云"智能制造架构体，提供大规模个性化定制服务平台：透明云工厂、定制云平台和数据云中心。透明云工厂重点运用 PLM 系统和 CAD 系统，构建智能版型模型库，实现部件参数化调整、部件标准化和部件化自动装配，通过可视化技术智能排产，跟踪生产进度，实时调整生产计划。定制云平台依托 Hybris 全渠道电子商务平台，构建 PLM、CRM、SCM 等客户信息集成管理系统，通过 MTM 方式实现线上和线下的协同，以及一人一版、一衣一款的模块化定制。数据云中心通过 CRM 系统管理消费者资料，精准提供个性化服务，实现大数据精准营销。另外，"三朵云"将为产业链相关方开放共享，使服装设计师和小微服装企业实现服装定制化业务。

服装产业信息化经验已较成熟，而制鞋产业信息化较滞后，主要难点有以下几个方面：

（1）信息化改造零散。相关信息化服务提供商不统一，容易形成信息孤岛。信息化产品并不是业务执行部门使用，易导致人工和系统重复工作，出错率较高，且工作效率较低。

（2）企业及核心人员认识不到位。企业对于信息化赋能认识不够，没有将信息化和精益生产相结合，当遇到困难，特别是影响生产和业务时，企业会对是否继续进行信息化动摇。

（3）传统信息化产品应用有一定局限性。传统信息化产品主要依托较大企业的业务流程进行设计，未考虑中小企业应用场景。另外，SAP 等信息化系统价格昂贵，超出了中小企业预算。制鞋企业选用信息化系统时，要先评估企业规模、信息化管理水平，然后考虑存在的问题及希望达到的目的，最后考察软件公司的实力（如在专业领域的技术能力、经验及客户群体）。

四、制鞋产业信息化的关键技术

（一）流行趋势信息化

目前对于流行趋势的预测主要依靠个人经验。流行趋势预测服务提供商 WGSN 有

一整套完整的预测机制，但大多基于专家的判断。然而，人的判断具有较强主观性，人的分析和处理能力具有局限性。人工智能可以弥补这些不足。人工智能技术特别是计算机视觉（Computer Vision，CV）和自然语言系统（Natural Language System，NLP）算法逐渐成熟，将其应用于流行趋势的预测研究成为可能。流行趋势的预测研究通常以视频、图片和文字呈现，借助 CV 和 NLP 可得到较全面、准确的定量分析，提炼出关键词和标签，通过专家系统解读，形成趋势报告，指导研发和设计人员工作。

（1）元素分解。流行趋势信息化的首要步骤就是进行元素分解，如图 10-1 所示。将热销鞋类产品的外观、工艺和材质、文化符号、费用四个元素进行拆解，细分外形、色彩、图案、纹理、功能、质量等元素，综合分析后得出每一款热销鞋类产品的流行元素。

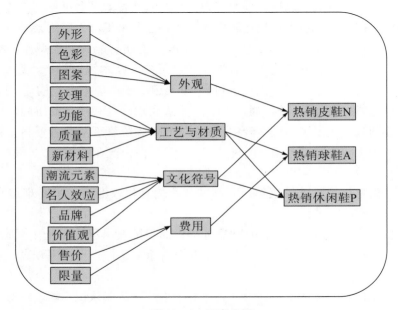

图 10-1 元素分解

（2）利用 AI 技术构建自动识别分类模型。利用 AI 技术建立相应算法模型，对拆解分析后的数据进行自动识别和分类。训练算法模型的过程中，整理原始数据后进行数据存储及预处理等，再导入深度学习模型，提升其自动学习和识别能力。常见目标识别网络结构如图 10-2 所示。

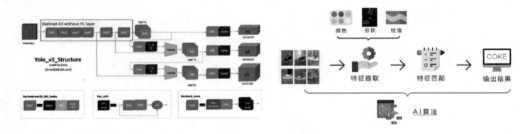

图 10-2 常见目标识别网络结构

（3）元素提取。根据数据类型，将元素提取途径分为图片、文本、访问/交易数据三种。图片元素来源包括时尚杂志、品牌发布会、订货会的商品图片等，识别图片中鞋类产品元素；文本元素来源包括杂志、互联网对商品的描述等，采用 NLP 技术进行识别；访问/交易数据元素来源包括订货会等，通过相关技术获取高频访问的商品信息。文本元素提取如图 10−3 所示，访问/交易数据元素提取如图 10−4 所示。

图 10−3　文本元素提取

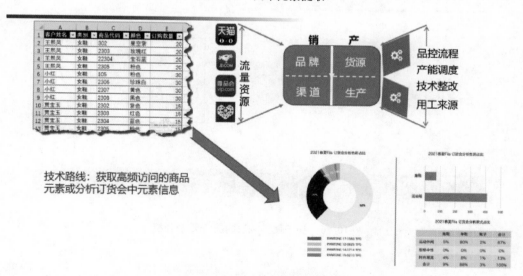

图 10−4　访问/交易数据元素提取

（4）专家系统。经过元素分解和提取后，通过专家系统进行深度分析。专家系统具有高精度、高密度的知识库，知识库存储了从不同专家处获得的有关问题域的所有知识，它根据知识的语义进行推理，对按一定策略找到的知识进行解释，具有推理功能。专家系统中的决策模块使用事实和启发式方法来解决复杂决策问题。

（5）流行元素分析手段。①频繁模式挖掘：一般通过分析消费者的购买行为及购买的产品来发现相应问题。在流行趋势信息化过程中，可以将拆解元素视为消费者购买的产品，通过频繁模式挖掘得到频繁出现的元素，即为流行元素。②粒子群算法（图10-5）：通过粒子群算法得出流行与非流行元素，元素的流行和非流行以 0 和 1 表示。③基于聚类算法的流行元素分析（图 10-6）：根据产品属性转换为二进制，根据编辑距离衡量产品相似度，对产品进行聚类分析，从而找出流行元素。④基于权重算法的流行元素分析（图 10-7）：根据专家系统为不同产品设置初始权重，建立模型计算产品权重并排序。

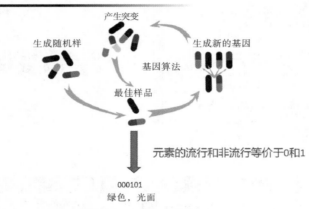

图 10-5　粒子群算法

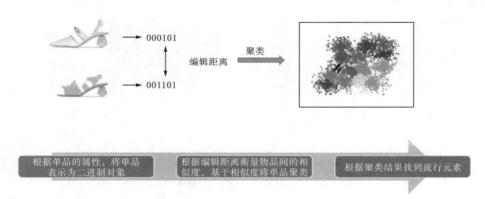

图 10-6　基于聚类算法的流行元素分析

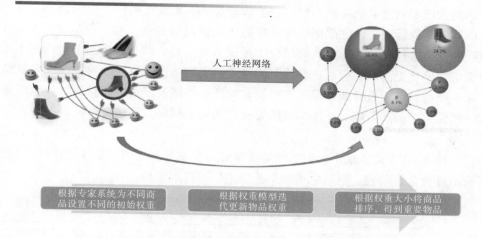

根据专家系统为不同商品设置不同的初始权重　根据权重模型选代更新物品权重　根据权重大小将商品排序，得到重要物品

图 10-7　基于权重算法的流行元素分析

（二）设计信息化

设计信息化指设计资料的数据化。鞋类产品设计跟、底、楦、材料、版样等设计资料，将这些进行数据处理之后，通过统一平台进行管理，形成数据库，并与数字化设计平台对接。

设计信息化的主要系统是产品生命周期管理系统（Product Lifecycle Management，PLM）。PLM 可以整合商品企划、产品设计及工艺开发三个阶段的业务，缩短产品开发周期，降低开发成本，提高协作效率。PLM 具有很强的扩展能力，企业并不是一开始就需要应用全功能、全模块的 PLM。PLM 主要涉及以下几个方面（图 10-8）：

（1）产品企划（季节计划和季节概念）。快速获取和分析历史数据，支持新一季产品类型规划；快速了解产品类型开发状况，避免缺项；建立图文并茂的可视化商品结构，提高部门沟通与评审效率；掌握产品与面料开发、色卡确定与打样进度，满足订货会要求；实时了解开发成本；及时获取面料和辅料的用量及配置情况，降低大货生产风险。

（2）产品设计（图 10-9）。发布与共享产品设计信息；集成设计工具，共享、控制及快速交接设计图稿；简化部门沟通与反馈流程；提升面料调样、新面料与新版型开发、色卡进度追踪效率；追踪与监控产品开发进度、开发绩效及产品规划。

（3）工艺开发。建立规范的版型分类知识库，改善版型重用现象，提高产品开发效率；实现调版数据控制（包括图稿、版型、制程工艺、BOM 等）；满足复杂的工艺单管理要求（不同样鞋、供应商、色系、尺码等）；快速自动生成 PDF 格式工艺单，提高工艺单制作效率；提供完善的材料和产品测试、产品试穿、工艺风险评估等资料，有效降低大货生产风险；实现材料共用，降低材料开发、色样开发和采购/库存成本；规范材料开发流程及材料信息管理；动态显示材料调样、开发、打色进度；实现材料与BOM 的关联，支持产品成本核算；建立成本核算数据库，规范成本控制；建立基于BOM 的产品成本核算机制；实现与产品策划的比较和评估机制；建立分阶段成本评估

和产品淘汰机制；建立供应商询价、报价管理及成本比较机制。

（4）供应商管理。建立战略供应商库，优化供应链管理；建立供应商产能记分卡，对供应商产能进行评估，为量产订单分配提供数据支持；供应商在线询价及报价管理，快速锁定性价比更高的供应商；在线打样管理，提高协作效率，改善打样进度跟踪。

（5）质检。基于自身或是第三方机构，对产品整体及涉及的原材料的各项性能进行测试，确保生产的产品满足相关标准的要求；同时，积极开展试穿评价，提高产品的整体舒适度。

（6）订货会/生产。输出的数据能够支撑订货会的开展，以及后续生产的对接工作。支持输出订货会订单表、产品手册和工艺技术包等技术资料。

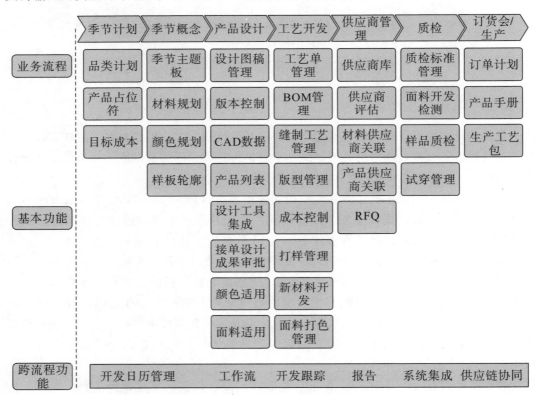

图 10－8　跨部门信息化体系

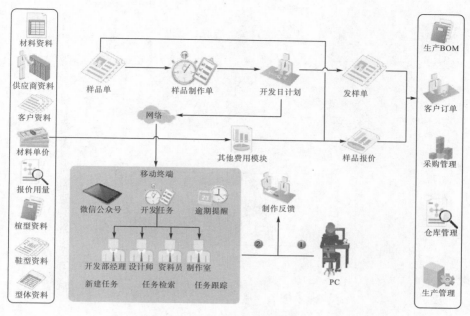

图 10-9　产品设计流程

（三）生产制造信息化

　　生产制造信息化是将设计资料转换成生产制造指令，把工艺流程通过视觉图像的形式汇总，实现生产制造环节的可视化。生产制造信息化包括生产管理工作流程（图 10-10）、生产制造系统、柔性制造系统、可视化系统、库存管理系统（图 10-11）等模块。

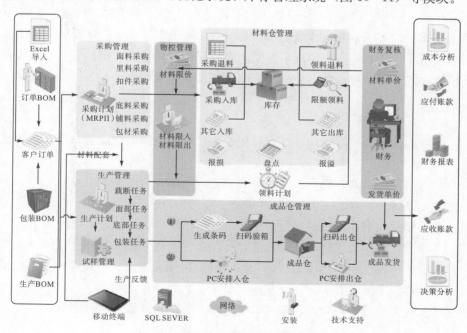

图 10-10　生产管理工作流程

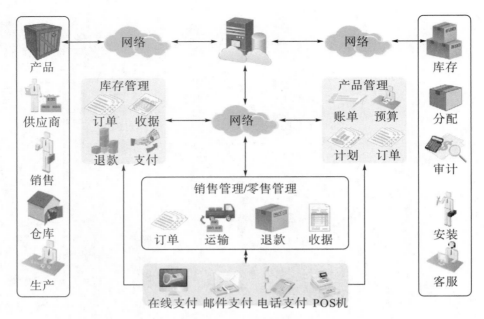

图 10-11   库存管理系统

五、制鞋产业信息化案例

（一）Revofim

Revofim 又称为"产品数字管理"，可实现完整的产品数据管理。区别于传统 PDM/PLM 系统需要手动输入大量数据，Revofim 基于产业工作流特性，从数据产生源头开始输入系统，及时同步，实现了数据的实时保存与同步。系统涵盖企划、设计、方案落地的流程式项目管理，帮助企业实现产品开发全过程的管理。

（二）产品价值

（1）研发数据库及模板管理，规范数据统一性，解决基础数据管理难、使用错乱的问题。

（2）多部门在线协同，提高工作任务联动协同效率。

（3）实现设计、打样、工艺、BOM 维护、报价在线协同。

（4）缩短开发周期，无缝对接设计工具（2D 设计、3D 设计、2D 开版）。

（5）开发设计协同工作，保证任务文档等版本唯一性，解决版本不统一的问题。

（6）提前通过设计及物料清单预估成本，降低后期因款式、价格等问题造成浪费。

（7）设计过程多维度看板，保证货品、品类、色系等结构合理。

（8）开发日历项目管理，及时跟进开发进度，保证产品及时完成开发。

（三）单季节管理

（1）款式库。企业按季节、按系列管理款式，查看及编辑款式和款色信息，如图10-12所示。

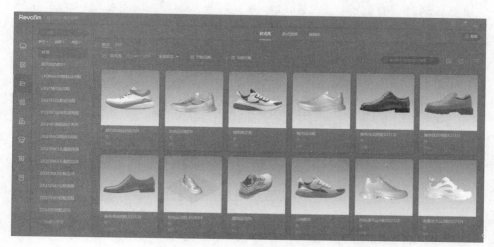

图 10-12　款式库

（2）工作流。将季度款式开发过程按项目管理方式进行管理，将季度拆分成多个工作流节点且设置季节开发阶段及节点对应的计划开始日期及结束日期，实现看板功能；跟进时间节点。如图 10-13 所示。

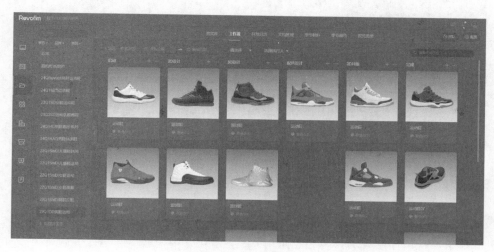

图 10-13　工作流

（3）开发日历。基于单款展示，将所有工作节点计划时间与实际完成时间形成对比，构建日历看板；企业基层或管理层通过日历看板跟进项目进度，保证项目开发符合上市时间需求（图 10-14）。

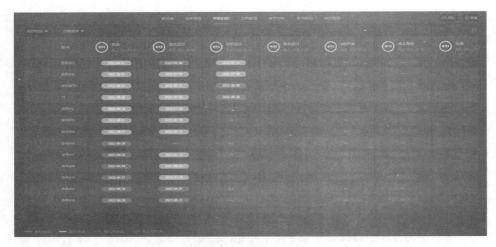

图 10-14　开发日历

（4）季节材料。每个季节，企业会根据当下流行趋势、流行元素，以及供应商开发的新材料和设计师要求，由材料管理部综合归类季节材料，保证季节材料的统一性，并符合市场需求，如图 10-15 所示。

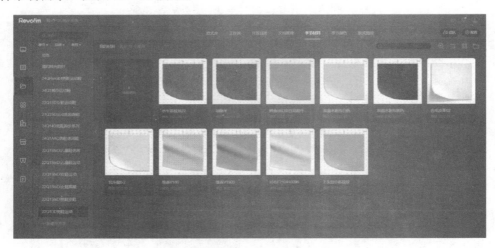

图 10-15　季节材料

（5）季节颜色。每个季节，企业会根据市场和季节流行色彩及品牌需求，进行 2D 款式设计，设计师上传设计稿及设计包裹。该系统支持多种文件格式，且支持"ai"格式文件在线设计协同同步上传资料，提高设计效率，如图 10-16 所示。

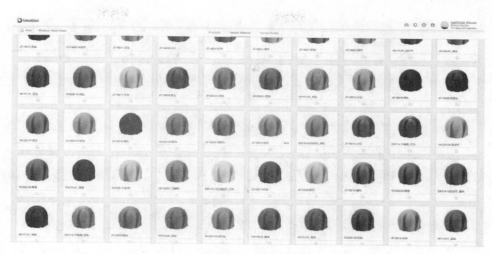

图 10-16　季节颜色

（6）3D 设计。平面设计师设计出款式后进行 3D 建模，相较于传统的多轮打样评审过程，这一步骤用建模软件效果更加逼真。建模完成后，上传新模型，进行 3D 设计在线管理、配色方案管理、渲染图管理。3D 设计可节省大量打样时间及成本，如图10-17 所示。

图 10-17　3D 设计

（7）2D 纸版。完成设计后，纸样师上传款式开版资料，支持多种文件格式，支持 KicksCAD 3D 在线协同完成开版设计，如图 10-18 所示。

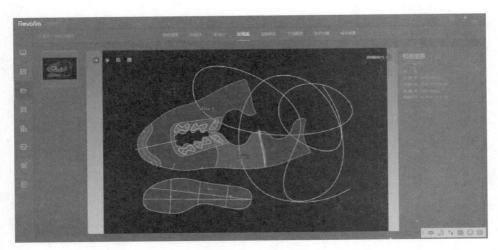

图 10-18　2D 纸版

（8）实物样品。上传款式实物样品进行管理，为后期订货做准备，如图 10-19
所示。

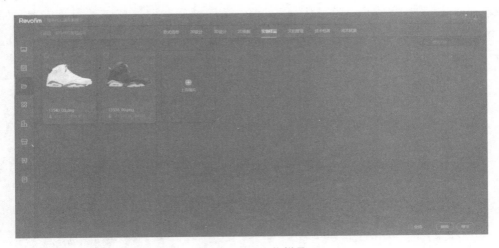

图 10-19　实物样品

（9）文档管理。支持款式相关开发过程产生的文档分类管理，支持在线预览，提高
工作效率，如图 10-20 所示。

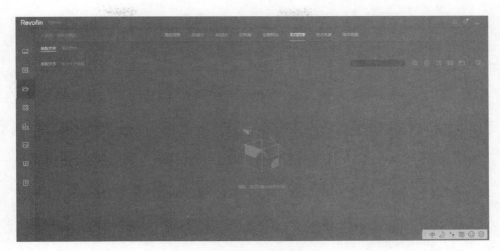

图 10-20　文档管理

（10）技术包裹。企业可直接创建 BOM 表（图 10-21）、工艺、尺寸表等，生成技术包裹对接下游工厂，实现企业与工厂在线协同维护 BOM 表、工艺、尺寸表资料。

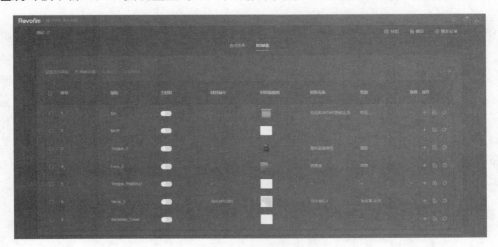

图 10-21　BOM 表

（11）成本核算。基于 BOM 表进行成本预估，包含材料成本、工序成本等。提前预估款式成本及利润，避免后期成本超标，如图 10-22 所示。

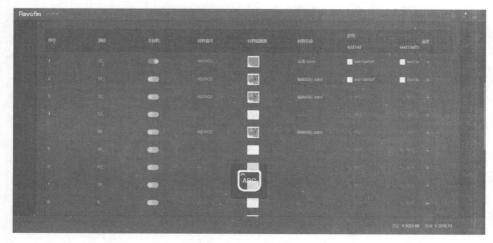

图 10—22　成本核算

六、制鞋产业信息化展望

应用信息化技术本质是为了提升企业生产效率，提高生产环节与管理环节的协同能力。一方面，提升效率能够有效降低成本、减少损耗，从而提高产品竞争力；另一方面，通过信息化技术可以精简从事简单劳动人员数量，将数据和流程跟踪任务交给系统，由工程师和技术人员把握重要流程和节点，大大提升企业生产专注度。因此，信息化、数字化转型是企业发展的必经之路。制鞋产业的信息化之路可规划为基础支撑体系（包括协同办公、远程办公）、专业执行体系（包括生产 MES、仓储物流 WMS、工艺管理系统等）、核心业务平台（研发系统、信息情报系统、采购和库存管理系统、人力资源系统等）、数据中台（包括企业 ERP 系统）和业务前台（零售渠道、线上渠道）。不同体系涵盖不同的业务范畴，单一的系统和模块并不能完全覆盖业务，系统集成可以形成信息化体系。

我国已初步实现了产品的大规模制造，之后必然走上追求品质和个性化定制道路。新制造是定制化服务所有消费者。要普及新制造模式，制造端需要做到两个改造：一是对硬件进行升级，使其具备柔性制造能力；二是实时洞察消费需求，让企业及制造商精准、灵活地调配资源。这样的转型，对企业在资金周转、市场动态反应、库存管理方面提出了更高的要求。基于此，未来制鞋产业信息化发展有以下趋势：

（1）企业具备科学客观的销售预测能力，以销定产。

通过数据反馈实现销售预测，不同于过去简单的趋势预测，通过信息化技术能将销售端数据与设计、生产端联通，把消费者的详细需求精准传递到上游制造端，指导工厂生产热销产品。

（2）柔性供应链快速反应能力。

将信息技术和传统制造对接，把需求和生产打通，实现流行预测、以销定产和柔性制造。通过整合原材料供应，结合柔性供应链，让交货周期缩短 50% 以上，且报价降低。例如，阿里巴巴打造的新制造平台犀牛智造工厂，核心在于按需定制，100件起订，最快7天交付。犀牛智造利用数字化技术深度重构，帮助中小企业实现产品按需生产、以销定产、快速交付；犀牛智造打造高度柔性供应链，实现生产"端到端、全链路"数字化。

（3）面向数字化工厂的开放平台。

未来，商家可以按照需求采购原材料、安排生产计划、制定生产标准，然后对接合作工厂进行生产、加工。数字工厂不再只是生产主体，还应为协调中枢，紧密结合生产与销售，从而有效降低生产成本，减少库存，让更多中小企业实现高效创业和快速成长。

（4）基于AI设计的全产业链数字化。

在企划端、设计端、生产端、供应端、消费端都实现信息化改造，将产业链的每个环节活动都能转化为数据，并统一进行存储、加工与分析。通过AI技术实现客户需求到开发、生产、交付的全流程。

制鞋产业信息化展望如图10-23所示。

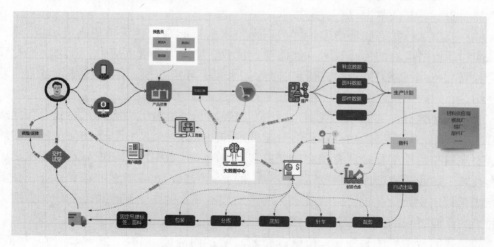

图10-23 制鞋产业信息化展望

（林子森、周晋）

第十一章 智能制造技术

一、智能制造的定义

智能制造（Intelligent Manufacturing，IM）是一种由智能机器和人类专家共同组成的人机一体化智能系统，它在制造过程中能进行分析、推理、判断、构思和决策等智能活动。智能制造把制造自动化的概念更新，扩展到柔性化、智能化和高度集成化。要实现智能制造，必须掌握以下关键技术：

（1）装备运行状态和环境的传感与识别技术。智能制造广泛采用高灵敏度、精度、可靠性和环境适应性的传感技术（如振动、负载、变形、温度、应力、压力、视觉环境等的监测），对设备和环境状态进行实时数据采集、环境建模、图像理解和多源信息融合导航。

（2）智能编程与智能工艺规划。运用专家经验与计算智能融合技术，提升智能规划和工艺决策能力，建立规划与编程的智能推理和决策方法，实现基于几何与物理多约束的轨迹规划和数控编程；拥有建立面向典型行业的工艺数据库和知识库，完善机床、机器人及其生产线的模型库，根据运行过程中的监测信息，实现工艺参数和作业任务的多目标优化；建立面向优化目标（效率、质量、成本等）的工艺系统模型与优化方法，实现加工和作业过程的仿真、分析、预测。

（3）智能数控系统与智能伺服驱动技术。实现面向控形和控性的智能加工和成形，能够开展基于智能材料和伺服智能控制的主动控制；单机系统和机群控制系统实现无缝链接，作业机群具备完善的信息通信功能、资源优化配置功能和智能调度功能，机群能高效协作施工，实现系统优化；拥有完善的机器人视觉、感知和伺服功能，以及非结构环境中的智能诊断技术，实现生产线的智能控制与优化；运用人工智能与虚拟现实等智能化技术，实现语音控制和基于虚拟现实环境的智能操作，发展智能化的人机交互技术。

（4）性能预测和智能维护技术。实现开展在线和远程状态监测及故障诊断的关键技术，建立制造过程状况的参数表征体系及其与装备性能表征指标的映射关系；实现并开展失效智能识别、自愈合调控与智能维护技术，完善失效特征提取方法和实时处理技术，建立表征装备性能、加工状态的最优特征集，实现对故障的自诊断、自修复；实现重大装备的寿命测试和剩余寿命预测，对可靠性与精度保持性进行评估。

（5）网络环境下的智能生产线。实现基于泛在网络的工厂实现内外环境智能感知技术，包括物流、环境和能量流的信息以及互联网和企业信息系统中的相关信息等；实现面向服务的信息系统智能集成技术。

二、我国制鞋产业制造端现状

制鞋行业制造端还需进一步改革。一方面，企业大多实现了制造装备自动化，未形成系统的智能制造模式；另一方面，软件系统、标准化系统及部件数据库还存在不足，制约着智能制造水平的提升。服装产业在智能制造领域较制鞋产业成熟。例如，报喜鸟云翼智能项目重点打造"三朵云"（透明云工厂、定制云平台和数据云中心）大规模个性化定制服务平台，特别是透明云工厂重点运用 PLM 和 CAD 系统，构建智能版型模型库，实现部件参数调整、部件标准化和部件自动化装配，运用可视化技术智能排产，跟踪生产进度并实时调整生产计划。因此，我国制鞋产业智能制造发展亟待破局，应构建符合鞋类产品制造规律的智能制造体系和模式。

制鞋产业是劳动密集型产业，其发展和转移受到土地资源、劳动力成本、原材料供应、环境保护及销售市场等多种因素的影响和制约。意大利具有悠久的皮具制造历史，是全球高端皮鞋生产中心。意大利制鞋产业拥有较为完善的产品设计资源、贸易展示平台，如米兰琳琅沛丽皮革展览会，是世界著名专业皮革展览之一，包含皮革、配件、部件、合成材料、纺织材料、鞋类模具等领域。同时，齐备的产业链、经验丰富的产业从业者、先进的制造能力和现代化的管理能力使意大利制鞋产业全球领先。另外，法国、西班牙和葡萄牙等国也具有一定高端制造地位，虽然整体规模偏小，但具有较强的核心竞争力。越南、印度尼西亚等东南亚国家承接了全球制鞋产业的大部分生产制造，当地鞋业制造能力快速发展；但基于整个制造业的供应链，这些国家的制造能力仍然较弱，大部分配套产业依赖于中国，一旦供应链断裂，其生产制造将受到严重打击。随着国际产业转移，美国逐步由生产制造国转变为品牌研发国，Nike、Under Armour、Skechers 等著名鞋业品牌的生产制造大多不在美国。

在鞋类产品产量上，我国是当之无愧的大国，但制造品质和技术还需不断提升。目前，国内部分企业以出口加工或代工为主，产品附加值低，主要面对中低端鞋业市场；而拥有自主品牌的企业的产品制造水平和智能制造能力还需增强。同时，受贸易壁垒、原材料价格上涨以及劳动力短缺等因素制约，我国制鞋产业面临着一定挑战。

（一）我国制鞋产业智能制造分析

我国制鞋产业拥有完整的制造产业链，制造规模大、成本低，但随着新工业革命和先进制造技术的发展，使我国制鞋产业面临挑战，如传统生产经营模式与高速发展的信息技术不匹配、智能化起步较晚等。同时，智能制造的发展、制造业的数字化和信息化转型，为制鞋产业的转型和发展提供了新模式，创造了新机遇。相较于国际智能制造水平，我国制鞋产业还需要在以下几个方面努力：

（1）完善制鞋产业数据采集手段。当前智能制造升级大多解决单工位的自动化问题，单工位数据较难采集。数字化和信息化转型较为成功的制鞋企业的制造端改造还需

要继续推进。数据采集手段不完善使得制造信息难以进入企业数据中台，使得智能制造推进困难。可参考 SATRA，通过安装专用传感器实现针车数据、裁断数据和生产线数据的采集，结合 VisionStitch 针车训练系统，减少生产时间，提高针车质量和新手适应性；结合 SATRASumm 算料优化系统，提高操作人员裁断技能，降低裁断浪费，增加裁断利润；结合 Timeline 系统，实现生产线可视化，优化制造环节人员配置，识别瓶颈点，提高生产效能。

（2）使制造装备和数据互联互通，形成信息物理系统。鞋业制造装备种类、装备自动化和信息化配置层次多，需要实现装备和数据的互联互通。"工业 4.0"智能制造体系的核心技术是信息物理系统，其本质是计算、通信与物理系统的一体化设计，使系统具有计算、通信、精确控制、远程协调和自治等功能，更加可靠、高效、实时协同。

（3）增加智能制造装备研发投入，提高制造装备关键部件、基础部件和电子元器件的自主化能力。制鞋产业智能制造的代表工段（如打粗、刷胶）都需要使用机器手臂及配套传感器。以打粗为例，鞋面主要为软性材料，鞋面皮革厚度通常为 $1.2 \sim 1.4$ mm，打粗后皮革厚度应保持在 1.0 mm，故打粗范围为 $0.2 \sim 0.4$ mm，这样的高精度要求，需要传感器的精确力值反馈以及机器手臂的精准控制，同时还需考虑软性材料的压缩和回弹等，因此，针对打粗工艺就涉及应力传感器、机器手臂减速控制器等关键部件。

（4）提高鞋业制造所需软件系统基础。我国制鞋产业智能制造重硬件、轻软件，特别是工业控制系统、管理系统、设计系统和仿真系统的国产占有率较低。我国工业软件和控制系统软件应积极提升科研能力，引入更多相关研发人才。

（5）转变传统工业思维，多维度理解智能制造。传统工业思维的特征是标准化、规范化、规模化、可控性和可测试性，基于实际装备和业务流程。智能制造依托各种智能技术（如通信网络技术、新型传感技术等），需要提升装备虚拟化和互联互通。智能制造的本质在于以数据的自动流转化解复杂的制造体系的不确定性，优化制造资源的配置效率。智能制造的标准化是将标准模型、参数和要求融入产品设计、制造和装配中，智能制造的规范化是统一规范操作和工艺参数，智能制造的规模化是提升柔性制造能力，智能制造的可控性是基于先进技术进行关键和重要节点的控制，智能制造的可测试性是针对生产过程关键节点和终端产品进行实时测试和评价。

（6）提高制鞋产业智能制造人才队伍和科技资源力量。科技创新需要大量优秀科技人才和科技资源。制鞋产业智能制造应统一规划发展路线，各科研机构、高校要协同发展。提升相关企业高层次人才和科技资源的投入，助推制鞋产业智能制造快速发展。

（7）加速制鞋产业与新兴技术的融合。计算机视觉技术、人工智能技术、自然语言处理技术、神经网络专家系统的发展为制鞋产业智能制造发展提供技术支撑。应该加速制鞋产业与新兴技术的融合，有效利用这些新兴技术带动鞋业制鞋产业的创新发展。

（二）我国制鞋产业智能制造的必要性和紧迫性

智能制造的改革和创新本质上是推动制鞋产业工业化和信息化的融合，走上新型工业化道路，通过自动化、智能化、数字化创新，实现制造效率和质量的整体提升、成本的降低及绿色发展。因此，制鞋产业向智能制造转型十分必要。

根据供给侧结构性改革提出"三去一降一补"，即去产能、去库存、去杠杆、降成本、补短板。补短板的其中一项就是补科技创新进步短板，要扩大高新技术产业规模。《中国制造2025》提出，以推进智能制造为主攻方向。这些政策都为制鞋产业向智能制造转型提供了保障。各行各业都积极响应，全面推进智能制造。服装产业率先取得了显著成果，涌现出报喜鸟、乔顿等优秀品牌案例。因此，制鞋产业加快发展智能制造的任务是十分紧迫的。

（三）我国制鞋产业发展智能制造的误区

当前我国制鞋产业智能制造发展缺乏软硬件的整体规模性应用，在发展过程中存在以下误区：

（1）重自动化，轻数字化。制造企业为了解决用工难和用工贵等问题，将重复性高的交给机器设备，完成如针车、绷帮、刷胶等工序，但这些自动化并不能称为智能制造。智能制造是实现设备互联和各流程数据采集，通过生产制造的数字化，实现生产过程的可视化与透明化。

（2）重局部改造，轻整体规划。针对瓶颈工序或人工消耗大的工序进行自动化改造，称为局部改造，是大多数企业实施智能制造的首要步骤。这种小步快跑、快速迭代的方式能够降低风险，但缺乏整体规划，可能对于提升生产线的整体效率意义不大。因此，需要首先整体考虑产品类型、产量、制造工艺、产能和物流等方面，然后对产线进行整体规划，可以采取分段实施、阶段考核的方法，快速推进实施进程，避免规划不足造成的重复建设和方向性错误。

（3）重单模块的信息化建设，缺乏系统集成。由于缺乏整体规划，信息化建设也注重单模块。例如，针对进销存引进ERP，针对生产现场精细化管理引进MES，针对库存的管理引进VMS等。在实际建设过程中，由于缺乏系统集成，常常发生同一数据在不同系统多头管理的现象，导致工作效率低、数据不一致等问题。

（4）重建设，轻运维。在系统选型和实施阶段，企业会展开需求分析、系统评估、可行性分析，投入大量人力、物力和财力。系统上线以后，可能缺乏持续运维，导致故障率高等。如果系统维护和升级不及时，系统价值难以发挥，不能与实际业务相匹配。因此，应根据企业建设的动态变化强化运维工作，重视系统配置和二次开发。

制鞋产业智能制造建设是一个系统工程，需要系统性规划，明确目标和任务。

三、制鞋产业智能制造的关键技术

(一) 基于机器视觉技术的物体边界识别及路线规划

机器视觉技术的基本原理是在一定光照条件下，利用电荷耦合器件作为图像传感器扫描被测物面采集图像，然后运用图像处理、模式识别等技术进行处理，提取相关图像特征，根据图像特征规律进行识别、分类、检测，最后得到检测结果。基于机器视觉技术的工业机器人是指加入工业相机和图像处理技术来获取工件尺寸和位置信息，识别所要操作的目标工件及其轮廓，引导工业机器人控制关节角度，使末端操纵器到指定位置完成作业任务。

基于机器视觉技术的物体边界识别及路线规划主要作业流程：通过工业相机获取物体形状，对其进行预处理和特征提取，获取待加工关键点坐标，将其写入工业机器人程序，得到可在工业机器人控制器中执行的轨迹程序，跟踪物体轮廓，使工业机器人末端一直沿着轮廓运动。

基于二维扫描的关键算法有：图像预处理，采用中值滤波法去噪，再用非线性灰度变换和二值化操作突出图像的特征；图像分割等算法，基于 Canny 边缘算子检测，保留结构特征信息，减少数据处理量。经过以上处理，进行 Hough 变换识别鞋底或鞋楦底部的圆特征，完成图像分割处理。

基于三维扫描的作业流程如图 11-1 所示。

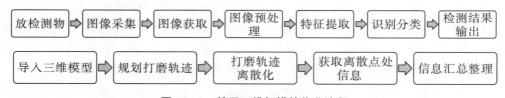

图 11-1　基于三维扫描的作业流程

(二) 基于机器视觉技术的伤残和缺陷识别

皮革是由天然动物皮通过鞣制方法制得，天然动物皮在动物自然生长的过程中不可避免地会产生伤残或瑕疵（如血筋、虫眼、颈纹、厚薄不均等），在鞣制过程中又可能产生刀伤、破洞等问题。不同皮料因动物种类、鞣制工艺的不同，其最终形状大小、纹理色彩、表面瑕疵等都具有随机性，给皮革表面检测、排样和裁剪增加了一定难度。皮革表面自动检测是实现智能排样与数控裁剪的前提。

传统的皮革伤残检测常由经验丰富的工人采用人眼识别和手工标注的方法进行，工作量大，标准不统一，易漏检。采用机器视觉技术，拍摄皮革表面图像，并进行预处理、特征分析和识别，可实现尺寸测量、轮廓检测、缺陷检查，具有可重复性强、速度快、精度高等优点。具体流程如图 11-2 所示。

机器人打磨轨迹曲线的规划　　　　　　生成的机器人打磨轨迹曲线

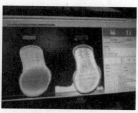

3D视觉大底扫描　机器人大底横向喷胶　机器人大底垂直喷胶　3D视觉大底扫描界面

图 11-2　基于机器视觉技术的伤残和缺陷识别具体流程

皮革表面检测实质是对纹理图像的连续性检测。纹理是一种区域特性，以相邻像素的灰度关系为特征，与空间的统计相关。技术难点在于纹理特征提取、特征选择、纹理分类与分割。根据不同技术手段，皮革表面检测大致分为基于空域、基于频域和基于空域-频域三种方法。

（1）基于空域的表面检测。基于空域的表面检测就是利用纹理基元的几何变化关系进行分析，最核心的就是选择和提取图像的纹理特征。对于纹理基元未知，或纹理基元很小甚至极其细微的物体表面，采用统计提取方法；对于物体表面存在一定纹理基元且纹理基元间有某种结构关系，采用结构方法。如果认为纹理一定按照某种模型分布，则找出纹理基元之间的关系，利用模型参数表达纹理基元的特性。

（2）基于频域的表面检测。通常情况下，纹理表面的纹理基元有一定规律，如果某处出现瑕疵时，则会破坏这种规律，通过频谱分析技术研究图像频谱特征，找出对应的频谱变化，从而检测瑕疵，这种方法称为基于频域的表面检测。频谱分析通常采用傅里叶变换，通过频谱变换计算其功率谱，由低频向高频变化的分布规律得出各个像素点灰度值在频域内的能量分布状况，功率谱的径向分布反映了纹理基元在纹理图像中的方向、密度及周期。如果纹理图像中存在瑕疵，通过功率谱分布即可判断。

（3）基于空域-频域的表面检测。该方法结合了基于空域的表面检测和基于频域的表面检测两者优点，把变换域空间划分为若干不同频率方向的一组通道，通过调制的方法，利用带通滤波器对不同频率方向图像分别进行滤波，在原有图像的每个像素点上均得到一组滤波结果，形成描述纹理的多维特征矢量，再利用神经网络或聚类方法对其进行分类判别。

（三）基于力学传感器的打粗技术

制鞋工艺中打粗的本质是去除皮革表面的涂层，暴露粒面层，使胶水能够渗透更

多，以确保黏合牢固。打粗是帮底成型的重要步骤，打粗深度是主要指标。如果皮革表面涂饰层没有被打磨掉，鞋品就容易出现脱胶、剥离等情况；如果打粗深度太大，则会导致鞋帮底厚度太薄，降低鞋品抗撕裂的韧性。根据 SATRA，打粗去除皮革原料总厚度的 25%～35% 最适宜。

由于打粗工作粉尘大、劳动强度高，人工操作的产品质量不一致，因此，采用工业机器人进行打粗，可准确追踪零件轮廓，施加压力，通过打粗工具高速旋转去除多余材料，具有柔性灵活、高效安全的优点。但在实际应用中，工业机器人仍然存在示教点多、接触力控制难等问题。

根据待加工工件与打粗工具的不同，工业机器人打粗可分为末端工件型和末端工具型。当待加工工件大而打粗工具较小时，可采用末端工具型，实现灵活作业；当待加工工件小而打粗工具较大时，可采用末端工件型。工业机器人打粗过程都要求加工轨迹符合工件轮廓，并确保多余材料被去除且不发生损伤。

基于力学传感器的打粗技术原理是对工业机器人末端位置和接触力进行控制，通过力的反馈控制机器人的运动精度，避免机器人因微小位置误差产生巨大接触力。基于力学传感器的打粗技术有两种模式：被动力位控制和主动力位控制。被动力位控制是指采用通过变形吸收振动和冲击能量的机械元件，使机器人末端控制器能够贴合物体表面运动，但这种模式控制精度低，适用于低成本、低精度场合。主动力位控制是指采用控制策略建模，使用力传感器采集接触力信息并反馈，实现闭环控制，这种模式控制精度高，已成为力和位置控制的研究重点。

史陶比尔 & 丰雅联合鞋品自动成型线如图 11-3 所示，CERIM 公司 K176 鞋底机如图 11-4 所示，机器手臂抛光和装夹示意图如图 11-5 所示。

图 11-3　史陶比尔 & 丰雅联合鞋品自动成型线

图 11-4　CERIM 公司 K176 鞋底机

鞋面抛光　　　　专利产品　　　　　　机器人抓起鞋楦　　　　专利产品

图 11-5　机器手臂抛光和装夹示意图（意华研究院供图）

（四）基于 RFID 芯片技术的快速研发和智能仓储

无线射频识别技术（Radio Frequency Identification，RFID）是一种非接触性自动识别技术，其基本原理是利用射频信号或空间耦合（电感或电磁耦合）的传输特性，实现对物体或商品的自动识别。

一个完整的 RFID 系统主要由 RFID 电子标签、读写器、天线和管理系统四个部分组成。RFID 电子标签由耦合天线和芯片构成，所有附着 RFID 电子标签的物体都具有唯一电子编码。读写器负责读取或改写 RFID 电子标签信息，连接管理系统，通过天线发送射频信号。天线通常作为 RFID 电子标签和读写器的信号传递纽带。当前端的 RFID 电子标签在天线可感应区域发生移动而产生感应电流时，将唯一电子编码信息通过天线发送；由读写器接收，经过调解和解码的信息最终送到后端管理系统做进一步处理。下面以适用于门店的 RFID 系统为例进行说明，如图 11-6 所示。

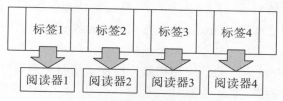

图 11-6　适用于门店的 RFID 系统

（1）RFID 电子标签：绑定在鞋子上的具有唯一电子编码的电子标签。RFID 有源电子标签作为原始数据源，携带产品的相关信息。RFID 电子标签基本指标及要求见表 11-1。

表 11-1　RFID 电子标签基本指标及要求

基本指标	要求
形状	矩形或椭圆形
尺寸	矩形：4 cm×3 cm（上限） 椭圆形：长轴 4 cm、短轴 3 cm（上限）
功能	具有唯一电子编码，能够被读写器有效识别
类别	被动式标签（没有内部供电电源，通过电磁波进行驱动）
读取距离	RFID 电子标签与读写器为接触式，RFID 电子标签离开读写器即读取一次
能量供应	无源（从读写器发出的电磁场中取得）

（2）读写器：安装在鞋子摆台上，用来探测并记录 RFID 电子标签信息的装置。读写器作为鞋子被关注（移动）信息的读写设备，负责数据采集、数据存储。RFID 电子标签每离开读写器一次，读写器记录一次。读写器基本指标及要求见 11-2。

表 11-2　读写器基本信息

基本指标	要求
频率	低频（30～300 kHz）
作用距离	密耦合（0～1 cm）
类型	固定式阅读器
尺寸	尽可能小，30 cm×10 cm×3 cm～30 cm×15 cm×3 cm
快速识别	能识别快速移动的 RFID 电子标签，反应灵敏
产品重量	不宜太重
记录时发出信号	指示灯闪烁
工作电压	5 V
工作电源、天线功率、储存温度、工作温度	无特殊要求

天线：连接在读写器上，在特定方向发送或接收射频信号。

管理系统（服务器）：运行 RFID 电子标签信息处理程序，并把信息实时保存到数据库。服务器端负责数据的存储和共享，与前端读写器经无线网络连接，可接收前端采集到的数据。

RFID 技术已拥有较为成熟的应用场景。然而，受制于制鞋产业整体信息化水平，RFID 技术的推广和应用还需继续努力。未来，RFID 技术的应用场景将覆盖制鞋产业研发、仓储和物流等环节，可以发挥以下功能：

（1）可以跟踪面料采购到生产，再到销售的全过程，提升企业供应链反应速度，提高库存周转率和资金利用率。

（2）在鞋类产品上贴标、覆合或植入 RFID 电子标签，可以全程识别、实时追踪，把握产品销售情况，提高产品的销售率。

（3）在零售店铺使用 RFID 技术，可以非接触性地快速查找货物、盘点货品，提高门店管理效率。

（4）可以实现产品的快速功能演示、查询和试穿信息统计，为消费者提供更多增值服务。

（五）等离子表面改性技术

打粗和黏合是制鞋的重要环节，也是污染较大的工序。目前的物理方法会产生较多的粉尘和挥发性有机化合物排放。因此，等离子表面改性技术在制鞋产业的应用将有效改善当前打粗和黏合环节的问题。

等离子体材料表面改性技术的基本原理是：等离子体系的粒子（如电子、离子、激发态分子、自由基等）通过连续不断地轰击表面，将能量转移给材料，这些粒子的能量形式有动能、振动能、离解能和激化能。其中，动能和振动能产生了材料表面的热作用。离解能和激化能引发材料表面的化学反应，使被撞击的分子接收能量后成为激发态分子而具有活性。激发态分子不稳定，又分解成自由基消耗吸收的能量，也可能离解成离子或保留其能量而停留于亚稳态，当其与高分子材料（如鞋用胶水）结合时，可形成致密的交联层，从而达到化学黏合和结合牢固的目的。另外，等离子体中的分子、原子和离子渗入材料表面，使得皮革涂饰层大分子链断裂，表面产生粗糙的凹坑，增加了皮革表面的可黏着性能。因此，利用等离子体材料表面改性技术可有效改善当前制鞋打粗、黏合等关键工序。该技术的工业化应用逐渐成熟，在制鞋行业拥有广阔的前景。

（六）3D 打印技术

3D 打印技术是工业化与信息化融合的典范，具备数字化特性，是新一代智能制造技术。相较于传统模具注塑工艺，3D 打印技术在鞋产品领域具有一定优势，主要归纳为以下三个方面：

（1）实现复杂结构的制造。得益于数字化叠层制造方式，3D 打印技术突破了模具制造对产品设计的限制，可以实现复杂结构成型，包括时尚外观部件和具备性能与功能的结构部件（如点阵结构等）。

（2）大幅缩短开发周期。普通鞋类产品的开发周期为 18~24 个月，而 3D 打印技术可省去鞋楦、中底和大底等部件开发过程中的开模、试模和修模流程，大大缩短了产品开发周期，节省了开发成本，赋予了企业根据市场趋势快速调整产品线的能力。

（3）实现个人定制服务。3D 打印技术实现了鞋类产品的个人定制服务，包括个性化的外观，以及结合个人身体状况赋予鞋类产品专属功能。例如，根据个人脚型和压力分布信息，个性化生产满足长短足、大小足、扁平足、糖尿病足等用户穿着需求的鞋类产品。图 11-7 展示了采用 3D 打印技术制作中底的鞋类产品。

Bisca360   4D FUTURECRAFT

图 11-7　采用 3D 打印技术制作中底的鞋类产品

3D 打印技术展现了许多独特优势，但还没有作为通用技术广泛用于鞋类产品的批量生产，根本原因在于生产设备和材料性能等方面的限制。近年来，为了加快制造业及相关产业发展，3D 打印技术的开发和应用取得了一定进展，主要如下：

（1）成型速度。基于"点到线、线到面、面到体"的成型原理，3D 打印技术受制于 Z 轴方向的成型速度及 XY 平面的成型面幅，难以满足批量生产需求。例如，使用 SLA（立体光固化）或 SLS（选择性激光烧结）技术打印一双中底需要花费几小时到十几小时，与注塑 EVA 发泡鞋中底只花几百秒的效率相差甚远。近年来，3D 打印技术不断突破，如 DLP（数字光固化），在成型速度和效率方面获得了大幅提升。以鞋中底为例，Carbon 公司使用大面幅的 DLP 打印机，能够在 25~30 min 完成一双中底成型操作；清锋科技研发了高速 LEAP© 技术，实现了 20~25 min/双的成型效率。随着技术的不断成熟、完善，3D 打印技术的生产效率越来越高。

（2）材料性能。对于鞋类产品，无论是中底、大底、鞋面还是配件，都需要兼具柔性、弹性和韧性，多数 3D 打印材料达不到要求，主要表现在其拉伸强度、断裂伸长率、玻璃化转变温度等指标存在缺陷。例如，一些 3D 打印中底难以承受鞋面压合过程产生的冲击力，无法通过整鞋耐弯折和耐疲劳的质检标准。最近，以 Carbon 公司为代表推出的多体系光固化 3D 打印材料性能获得大大提高，其拉伸强度超过 20 MPa，断裂伸长率超过 300%，玻璃化转变温度达到 -20℃。使用这类新材料制作的 3D 打印鞋底，不仅能够达到整鞋质检要求，而且某些性能指标展现出超出普通鞋类产品的优势。如图 12-14 所示，连续冲压 10 万次后，Pebax 发泡材料的厚度减少了 14%，刚度变化了 30%。作为对比，在冲压 100 万次后，清锋科技生产的 3D 打印中底厚度仅减少 0.3%，刚度变化小于 7%，展现出优异的寿命性能。3D 打印中底与 Pebax 发泡中底的疲劳寿命对比如图 11-8 所示。

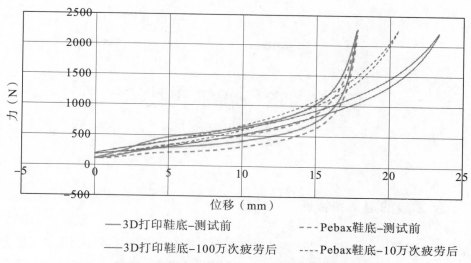

图 11-8　3D 打印中底与 Pebax 发泡中底的疲劳寿命对比

科技发展日新月异，未来 3D 打印技术在鞋类产品中的应用可能呈现以下几个方面的趋势：

（1）成本架构出现显著优化。随着科技的持续发展，3D 打印技术在单位时间内的产能显著提升，这将使得批量生产鞋类产品的成本得到相应的减少。

（2）高性能和新功能不断涌现。首先，3D 打印材料在弹性和轻便性方面的突破；其次，由于 3D 打印技术特有的点阵结构，它为鞋类产品在减震、透气、耐磨性等多种维度带来了功能亮点。这些创新将使 3D 打印技术更广泛地应用于不同鞋类产品。

（3）快速时尚趋势逐渐兴起。在摆脱模具束缚之后，制鞋企业具备了对市场时尚设计的快速反应能力，能够在短时间内开发、投放并迭代紧跟潮流的产品。

（4）个人定制逐渐普及。生成式设计软件有望被应用于 3D 打印设计中，它能将个人脚型特性数据转换为符合生物力学需求的定制化产品方案。

四、制鞋产业智能制造的展望

新的信息技术和制造技术融合推动了制造业向智能制造发展。当前制鞋产业智能制造的展望主要有以下三个层面：

（1）制鞋产业从传统的劳动密集型产业向智能制造发展，通过改造提高生产效率，通过柔性生产提升生产灵活性。大规模引进自动化和智能化设备，实现生产制造数据的采集、分析及可视化。

（2）积极探索工业机器人的应用，如在打粗、刷胶等劳动强度大、污染高的生产环节积极引入工业机器人，实现实时识别和轨迹规划，使制造模式具备较高工艺适应度。

（3）展开等离子表面处理技术等革命性工艺体系的构建，建立基于物理和化学过程的新型制鞋模式。

（周晋）

第十二章　新零售技术

一、新零售的定义和特征

新零售，即零售新模式，是指企业以互联网为重要工具，运用大数据、人工智能等先进技术，对商品的生产、流通与销售过程进行升级改造，重塑业态结构与生态圈，实现线上服务、线下体验及现代物流深度融合的零售新模式。新零售的核心目标是线下供应链环节（供应商、生产商、运输商、零售商、门店和消费者等）的数字化，通过在线、集中和可视化管理，实现精准营销和减少库存的目标。

互联网普及带来的用户增长逐渐饱和，传统电商"瓶颈"开始显现。《2019年中国数字消费者趋势》数据显示，电商时代的红利所剩无几，复合增长率从十年前的40%～50%降低至近几年的25%。因此，对于电商企业，唯有变革才有出路。线下实体店为消费者提供商品或服务时，具备可视性、可听性、可触性、可感性、可用性等直观属性，虽然多品牌线下实体店零售市场缩小，但单品牌线下实体店零售市场的涨幅明显，年增长率从2016年的2%提升至2017年的8.3%。

线上和线下渠道的界限不断模糊。以我国某电商品牌服饰为例，2019年已有85%的消费者已通过全渠道（线上和线下）进行购买调查和信息搜集，而2017年的数据是80%。我国消费者逐渐将线下体验和线上购买相结合。在线下实体店零售场景中，结合线上选购商品方式提升购物体验十分重要。McKinsey调查显示，使用智能手机搜索商品的消费者只要体验良好，50%以上的可能直接在线下实体店购买。

对线下实体店内的人、货、场各关键要素产生的数据进行精确把握。实体店除记录消费者购买商品信息外，缺乏其他数据，不能反映消费者购买过程的反馈信息，不能为生产商提供产品销售的建议，对品牌方或供应商来说，了解产品供应分配和生产销售的相关指标更加困难。因此，对实体店内人、货、场各关键要素产生的数据进行精确把握是至关重要的，通过大数据技术，可以记录消费者的购买偏好、产品属性匹配度，以及消费者的消费水平和定价匹配度。

新零售具有生态性、无界化、智慧型和体验型的基本特征：

（1）生态性。新零售商业生态主要包括线上页面、实体店面、支付终端、数据体系、物流平台、营销路径等方面。这些方面融合了购物、娱乐、阅读和学习等功能，推动企业在提供线上服务、打造线下体验、获取金融支持和构建物流体系等的全面升级，从而能够更好地满足消费者对于购物过程中便利性与舒适性的需求，提升用户黏性。

（2）无界化。通过对线上与线下平台及有形与无形资源的高效整合，消除零售渠道间的障碍，模糊经营过程中各参与主体的边界，打破传统经营模式的时空、产品界限，有助于促进人员、资金、信息、技术、商品等的高效流通，从而实现商业生态链的互联与共享。借助无界化零售体系的优势，消费者将能够更加灵活地选择购物渠道，如实体店铺、网上商城、电视营销中心、自媒体平台等，并与企业或其他消费者进行全方位的互动、交流、产品体验、情景模拟及商品的购买和服务。

（3）智慧型。新零售模式的存在和持续推进，源于人们对购物体验个性化、即时性、便捷性、交互性、精准度和碎片化各个维度需求的渐增。在产品升级、渠道整合的新零售时代，消费者在购物过程中以及身处的购物场景，都将呈现出显著的智能化特征。

（4）体验型。随着人们生活品质的提升，其消费理念已从价格主导向价值主导转变，因此，购物体验逐渐在决定消费者购买行为上扮演至关重要的角色。

二、新零售技术的主要手段

新零售技术的关键特点是将线上和线下模式结合。新的技术手段可以创造更大的价值。人脸识别、无人货架、刷脸支付、超时赔付、自动拣货等已成为新零售标配。借助云计算、大数据、物联网、人工智能等技术加速零售行业的数字化转型，使购物效率和消费体验等得到提升。

新零售技术的发展，需要剖析每个环节及其关系，包括消费者画像（消费者的特征和信息）、产品画像（商品特征和信息）、门店画像（门店的特征和信息）、运营画像（门店运营策略）。

（一）消费者画像

线下零售门店对消费者信息进行收集，包括年龄/性别、消费水平、消费习惯、消费偏好。利用云数据存储和大数据分析技术，构建 CRM 管理系统以强化客户关系的管理。消费者画像如图 12-1 所示。

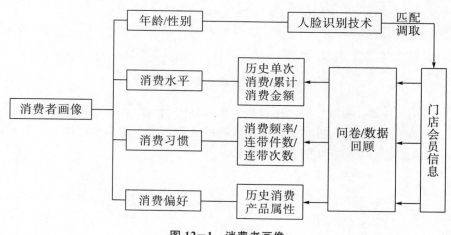

图 12-1　消费者画像

人脸识别技术是消费者画像的核心。可以以现有开源引擎 SeetaFace 和算法为基础构建底层，基于卷积神经网络进行数据集训练。人脸识别技术可实现年龄、性别和客流数据的分析。

SeetaFace 人脸识别引擎包括全自动人脸识别系统的三个核心模块，即人脸检测模块（SeetaFace detection）、面部特征点定位模块（SeetaFace alignment）、人脸特征提取与比对模块（SeetaFace identification）。其中，人脸检测模块采用结合传统人造特征与多层感知机（MLP）的级联结构，在 FDDB 数据库上达到 84.4％的召回率（100 个误检时）。面部特征点定位模块通过级联多个深度模型回归 5 个关键特征点（两眼中心、鼻尖和两个嘴角）的位置，在 AFLW 数据库上达到较高精度，定位速度在单个 i7 CPU 上超过 200 fps。人脸特征提取与比对模块采用一个 9 层卷积神经网络提取人脸特征，在 LFW 数据库上达到 97.1％的精度，在单个 i7 CPU 上的特征提取速度为每图120 ms。

卷积神经网络重点用于数据集的训练。具体实现步骤为：建立人脸数据集，每一张人脸图像都包含真实年龄标签；建立用于二分类的训练数据，输入集中带年龄标签的人脸图像集，年龄标签生成一系列二分类标签；将测试样本输入卷积神经网络中，将一张人脸数据集中不带年龄标签的人脸图像作为测试样本，输入训练好的深度卷积神经网络，进行多层卷积、池化操作；得到测试样本的年龄估计，深度卷积神经网络的每一个输出都是二分类器的一个二分类标签，对所有输出类标签进行登记排序，得到测试样本的年龄估计。采用类似技术进一步提高性别准确度。消费者画像分析如图 12-2 所示。

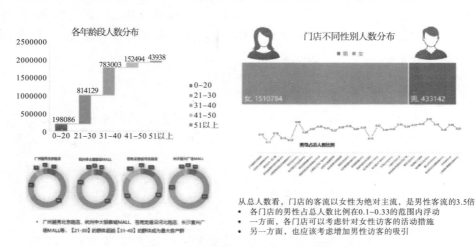

图 12-2　消费者画像分析：性别/年龄

除了基本的消费者画像分析，还可从历史数据中挖掘回头客，包括消费者占比、回访次数、回访时间等信息。针对出现频次较高的客户，可以建立长期档案，从而进行更好的服务。消费者画像捕捉如图 12-3 所示。

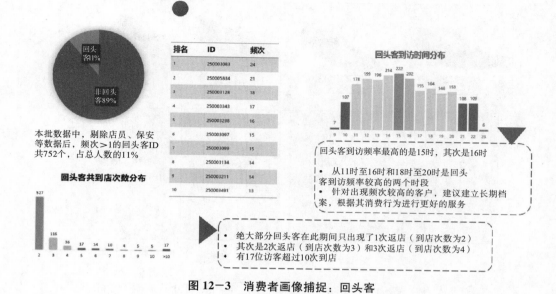

本批数据中，剔除店员、保安等数据后，频次>1的回头客ID共752个，占总人数的11%

回头客到访率最高的是15时，其次是16时

- 从11时至16时和18时至20时是回头客到访频率较高的两个时段
- 针对出现频次较高的客户，建议建立长期档案，根据其消费行为进行更好的服务

- 绝大部分回头客在此期间只出现了1次返店（到店次数为2）
- 其次是2次返店（到店次数为3）和3次返店（到店次数为4）
- 有17位访客超过10次到店

图 12-3 消费者画像捕捉：回头客

（二）产品画像

产品画像主要描述门店单个或多个系列产品的特征。常见鞋类产品画像见表12-1。

表 12-1 常见鞋类产品画像

产品类型	图示	特征	产品类型	图示	特征
靴		按靴筒高度分为踝靴、中筒靴、高筒靴、过膝靴	拖鞋		无后帮，通常只有鞋头，多数为平底
凉鞋		穿着时脚趾外露，鞋尖空，鞋后跟上部有扣、襻或系带作鞋尾	皮鞋		鞋底厚且有一定弧形，鞋跟较方
穆勒鞋		鞋后空，通常有较短的鞋跟，前帮部分包裹脚趾	单鞋		与脚型贴近，通常低帮，鞋头仅包裹脚趾
运动鞋		鞋型廓形，较圆润，鞋底贴合足弓，鞋头较厚，鞋舌形状明显	休闲鞋		运动功能不突出，鞋底平滑，鞋面弧度较平整

常见正装皮鞋产品画像如图12-4所示。

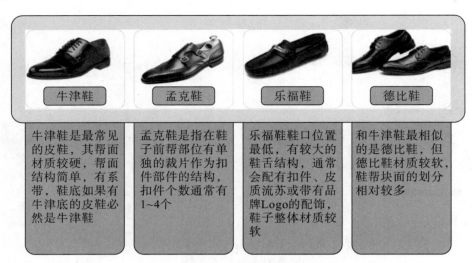

牛津鞋	孟克鞋	乐福鞋	德比鞋
牛津鞋是最常见的皮鞋，其帮面材质较硬，帮面结构简单，有系带，鞋底如果有牛津底的皮鞋必然是牛津鞋	孟克鞋是指在鞋子前帮部位有单独的裁片作为扣件部件的结构，扣件个数通常有1~4个	乐福鞋鞋口位置最低，有较大的鞋舌结构，通常会配有扣件、皮质流苏或带有品牌Logo的配饰，鞋子整体材质较软	和牛津鞋最相似的是德比鞋，但德比鞋材质较软，鞋帮块面的划分相对较多

图 12—4　常见正装皮鞋产品画像

不同鞋类产品的外观、色彩、材料、部件有差异，要细分其属性进行信息匹配，见表 12—2。

表 12—2　鞋品属性信息统计表

属性		内容
品类		靴、拖鞋、凉鞋、皮鞋、乐福鞋、单鞋、运动鞋、休闲鞋、穆勒鞋
风格		商务正式、商务休闲、运动休闲、时尚休闲、时尚潮流
色彩	主色	花色、黑色、白色、米白色、红色、粉红色、杏色、黄色、黄棕色、褐色、卡其色、绿色、蓝色、藏蓝色、紫色、金色、银色等
	配色	黑色、白色、米白色、红色、粉红色、杏色、黄色、黄棕色、褐色、卡其色、绿色、蓝色、藏蓝色、紫色、金色、银色等
跟高	0~3 cm	平跟
	3~5 cm	中跟
	5 cm 以上	高跟
	外观不可见	内增高
跟形	跟型	细跟、粗跟、厚跟、坡跟、无跟等
	底型	平底、楔形底、凹型底
鞋头		方头、圆头、尖头
后帮	靴筒型（有无腿肚）	长筒、短筒
	拖鞋、凉鞋	全空、带襻
	其他（是否高于脚踝）	低帮、高帮

属性		内容
材料	主料	牛皮、羊皮、猪皮、漆皮、绒面革、人造革、超纤、丝绒、缎面、针织、飞织、混纺、网面、塑料、EVA 等
	配料	牛皮、羊皮、猪皮、漆皮、绒面革、人造革、超纤、丝绒、缎面、针织、飞织、混纺、网面、塑料、EVA 等

（三）门店画像

门店画像主要通过备份门店的基础信息并结合计算机视觉技术，实现场景分析和布局，包括门店所处商圈业态环境、门店布局陈列，以及相关数据指标，也包括部分消费者数据和产品信息。鞋类产品门店画像数据信息汇总见表13-3。

表 12-3　鞋类产品门店画像数据信息汇总

项目		信息	备注
门店代码			公司统一编码
门店名称			公司统一名称，一般与所处位置相关
行政区域			门店所在城市
门店性质	管理性质	直营、联营或代理	直营为公司直接管理门店；联营为公司及他人共同管理门店；代理为他人管理门店
	营销性质	新品店、折扣、形象店等	新品店主要供应新品；折扣店主要清理库存；形象店以品牌展示为主
高单价产品数量			以一定标准制定高单价
高单价产品数量排名			以一定标准制定高单价
门店地址			
联系方式			门店或店长电话，主要用于设备维护等
联系人			店长
业态性质	类型1	公路街铺/步行街/商场	与门店所在周边环境相关
	类型2	市区型/郊区型/城郊型	与门店所处地理位置相关
商圈辐射半径			所在商圈影响力，与最近同等热门商圈之间的距离
面积	门店总面积		由企业市场部提供
	仓库面积		
	实际营业面积		
货架数量			按组别计数
货架类型比例			边架、中台、展柜等不同类型货架的比例
品类规划比例			按消费者及其需求制定

续表

项目		信息	备注
营业额与指标	周营业额		以系统导出数据为准
	周指标达成		以公司指标为准
	月营业额		以系统导出数据为准
	月指标达成		以公司指标为准

（四）运营画像

运营画像和消费者画像、产品画像、门店画像关系密切，包括消费者在门店的信息、对产品和服务的关注度和评价，以及门店运营策略等。线上消费行为可被详尽记录，而线下消费行为却因无法得到同等水平的数据记录而受限，消费者从进店至离店，其在店内的活动仅限于被记录的进店数据及最终实现的销售数据。对于消费者数据的实现有四种常规的技术方法。

（1）基于人脸识别技术的门店区块热点分析。

区块热点分析的基本原理是通过记录在视频中不同区域人脸出现的数量及停留时间，形成热点累积。门店区块设置可以定量分析门店空间设计与消费者消费行为之间的关系，对消费者视觉及运动规律进行分析。各个区块所在陈列区为门店内吸引消费者的基本单元。每个门店的区块设置不同，摄像头需覆盖所有区块，结合图纸和摄像头画面，将货架按区块划分并编号，如图12-5所示。

图12-5　区块划分及热点示意图

（2）基于 OpenPose 的动作分析技术。

OpenPose 是由卡内基梅隆大学提出的基于卷积神经网络和监督学习的开源库，可以实现对人体姿态和动作的捕捉和识别，具有极强的鲁棒性。通过 OpenPose 算法直接处理视频数据得到人体关节点，其处理流程是将所有图像帧经过 VGG 19 网络转化为图像特征向量，并分为两个分量分别传入卷积神经网络，通过分析各个关节点之间的置信度和亲和度，当损失函数最小时可得到所有关节点的聚类，最终得到人体各关键部位和各关节点之间的关联集合。

消费者在门店表现出来的两类特征（站立和试穿），建立上肢关节和下肢关节的关系，定义动作角度集合。

（3）眼动分析技术。

基于 OpenPose 关注眼动方向，根据眼睛注视方向预测聚焦点，结合聚焦点在货架的位置确定消费者的关注范围。部署在产品陈列柜上的摄像头，能追踪并记录消费者在陈列柜前的视线方向，通过这个信息可以更精确地分析出消费者对各类产品风格特征的青睐程度。最终，这些信息将被导入消费者行为分析数据平台，进一步完善消费者画像和购物偏好等信息的数据库。眼动分析技术如图 12-6 所示。

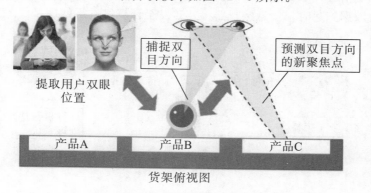

图 12-6　眼动分析技术

（4）关注度采集技术。

关注度采集技术的原理是将产品热度传感器是安装于鞋类产品上，采集产品被拿取和试穿的数据。产品热度传感器由震动开关、射频模块、电池和时钟构成，能够感知产品被拿取（关注度）和试穿时的震动频率，并通过特定算法分析产品的关注度。产品热度传感器安装和使用示意图如图 12-7 所示。

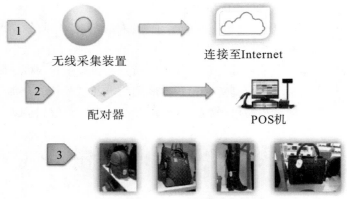

图 12-7　产品热度传感器安装和使用示意图

关注度采集系统主要由 n 个数据采集器和 1 个信息接收器构成，各装置的有效接收范围为 30 米区间内。信息接收器每秒能够获取 60 项数据，数据采集器每 30 分钟会一次性上报数据至信息接收器。信息接收器与计算机通过串口设备连接，当数据采集器上报的关注计数数据到达时，信息接收器将其转发至计算机进行处理，如图 12-8 所示。

图 12-8　关注度采集系统工作流程

（五）各画像间的关系

不同特点的消费者会选取不同类型的产品，故产品画像和消费者画像相互匹配。门店选址决定了消费者群体和消费者上门的习惯，门店画像会影响产品配置，包括产品价格结构和风格等。消费者画像和产品画像会影响门店订货策略、销售策略及陈列方案，从而影响运营画像。运营画像可以通过方针策略的调整而改变，也是新零售管理中需要重点关注的地方。借助实时或短期运营画像发现问题，并找到合适的实施策略，从而调节产品供应方式，提升消费者黏性。各画像间的关系如图 12-9 所示。

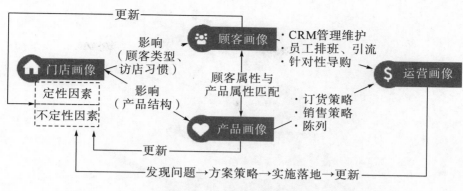

图 12-9　各画像间的关系

（六）消费行为研究

消费行为指消费者为获取、使用、处理消费物品所采用的各种行动及事先决定这些行动的决策过程。消费行为的产生是对产品的直接反馈，即消费者对某种消费对象的认识与理解、对购买该商品或劳务的经验与知识、通过对各种商品比较和判断所形成的态度。而对产品和购物环境进行研究，能够补充消费行为的分析。

现有消费行为理论主要包括两个方面：消费者及其消费行为。消费者常分为理性消费者和感性消费者。理性消费者是基于理性需求而产生实际购买行为；感性消费者是基于购物过程的体验产生实际购买行为，可能会购买超出有效需求的产品。现有的关于消费行为的研究更加注重消费决策过程的建立，包括消费者的兴趣和动机。常见的研究认为，消费行为的核心是消费者购买动机的形成问题，通常运用"刺激（S）—心理（O）—反馈（R）"作为消费行为研究模型。尼科西亚提出的消费行为模式由消费者态度的生成（消费者对于产品的第一感觉和印象）、消费者对商品进行调查和评价（消费者通过各种渠道对产品的认知）、消费者采取有效的决策行为（消费者采取的适合自身特点的消费行为）、消费经验的形成（将这个过程以经验形式储存，并用于日后同类产品的消费行为）四个方面组成，即消费行为源于初识，再由兴趣引发用户的认知，最终引导决策和经验固化。因此，线下消费行为可以概括为"进店—关注—试穿—销售"，如图 12-10 所示。其中，关注的研究对象包括消费者在门店内的行动轨迹及对产品的观察。我们的研究采用巴斯模式构建线下消费者的消费行为研究模型，进而得出关注、试穿和销售层面的快时尚女鞋产品的生命周期。

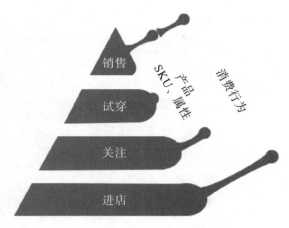

图 12-10 线下消费行为量化图

　　一般情况下，消费行为研究的传统方法是进行店员统计、问卷调查和消费者访谈，这样得到数据费时费力，且较有限和片面。因此，通过门店智能采集系统获取消费者相关信息，可以构建线下消费者消费行为模型，如图 12-11 所示。

时间	客流	关注数	人均关注(次/人)	试穿数	销售数	关注销售转换率	试穿销售转换率
2019-3-10	545	82	0.15	6	61	0.74	10.2
2019-3-11	550	683	1.24	28	48	0.07	1.71
2019-3-12	537	635	1.18	40	49	0.07	1.22
2019-3-13	417	443	1.06	2	36	0.08	18
2019-3-14	510	458	0.90	—	50	0.11	—
2019-3-15	492	425	0.86	8	45	0.11	5.62
2019-3-16	509	439	0.86	4	42	0.10	10.5

色块代表

注意
最低值/预警值
最高值
补充说明

- 周一销售数最佳，2019年3月13日客流明显较低，销售数及成交率整体不高。
- 客流量相较于其他门店较大，但周末与平日区别不大。

图 12-11　消费行为研究案例

三、制鞋产业新零售发展现状及展望

　　制鞋产业新零售应基于消费者的个性化需求，构建用户场景，提供更好的消费体验，通过线上和线下结合来提升零售转化率。目前，制鞋产业新零售可以实现线上与线下同品、同质、同价，消费行为由被动接受消费转变为主动营造消费。

　　以温州制鞋产业为例，它的发展起步较早，在全国乃至全世界都有一定的影响力和知名度。温州达到一定规模的制鞋企业有 5000 多家，在浙江省制鞋产业中占据了至关重要的地位。经过数十年的产业发展，在一代又一代制鞋人的努力下，温州鞋革制造业

打造出 7 项中国名牌产品，荣获 82 枚中国驰名商标，建设了 196 家中国真皮标志企业，成为全国公认的鞋业制造中心。2018 年，温州出台《鞋革制造业改造提升实施方案（2018—2020 年）》，明确以市场转型为主导，做大做强品牌，强化经济模式创新，驱动产业格局转型，以"两化融合"提升智造水平，大力推进传统经营模式向以新零售模式为特色的新经济模式转型，全力以赴推动"中国鞋都"向"世界鞋都"转变，努力建设成为国际鞋业时尚设计中心、国际鞋业智造中心、国际鞋业展销中心。

尽管温州制鞋产业链规模巨大，然而其存在品牌附加值高、经营模式滞后、企业创新能力不强、出口疲软等不足，这些问题势必会对温州制鞋产业的长期发展产生不利影响。当前，温州正在积极推进制鞋产业的升级转型，引入新零售理念，运用互联网技术构建制鞋产业宏观调控数据库，以期温州制鞋产业的改造提升率先突破，走在前列；同时，借助扶助和引导创新型企业，为温州制鞋产业打造更好的营商环境。

未来，制鞋产业新零售技术的发展主要体现在以下几个方面：

（1）技术仍是新零售发展的第一驱动力。新零售是移动互联网、物联网和大数据等技术日益成熟的成果。人工智能、AR/VR、生物识别、图像识别、智能机器人技术日趋完善，使用门槛逐渐降低，新技术不断涌现，为鞋类产品线下门店的展示提供了更多可能性，如机器人导购、AR/VR 试穿镜及 AI 智能识别推荐产品等，能够大大提升消费者的购物体验，同时实现运营效率的提高及成本的降低。

（2）商业中心线下实体店更受消费者欢迎。在商场布局高度雷同的背景下，各类商业中心正积极地探索全新的实体业态模式以及新的定位策略，以求吸引更多消费者。在过去的数十年，无论是供给方还是渠道方，始终在市场变革中稳固地占据主导地位，然而，现今的话语权逐渐流向消费者，消费者成为市场的主导者。另外，新一代消费者正逐渐成为市场的核心消费群体，他们的自我意识更强，消费态度和行为更加个性化。他们重视购物过程的体验，期望与品牌商和零售商建立超出交易关系的信任和亲密感。

（3）面向全渠道经营。在全渠道环境下，消费者掌握购物的主导权，他们可通过各种社交媒体平台对零售商的终端设备进行个性化选择。从零售商的角度来看，全渠道就是在多渠道的基础上，对各个渠道进行整合，让各前台、后台的系统无缝集成，为客户提供连贯的体验。从消费者角度来看，全渠道的特性体现在消费者可以在一个平台选择商品，并在另一平台进行比较，最终选择第三个平台完成支付购买。

（4）面向全域营销。全域营销即整合各类可触达的消费者的渠道资源，建立全链路、精准、高效、可衡量的跨屏渠道营销体系。全域营销是以消费者运营为核心，以数据为能源，实现全链路、全媒体、全数据、全渠道的一种智能营销方式。

全域营销，即整合所有触达消费者的多元渠道资源，构建全面、精确、高效且可评估的跨屏幕渠道营销体系。全域营销的基础在于消费者运营，依托于数据作为驱动力，从而实现全链路、全媒体、全数据和全渠道的智能营销手段。

（5）场景化体验渗透产品和服务。首先，企业产品会根据场景设计功能，强化用户体验。其次，产品体验不足时，企业会建立适当的服务场景打动客户。比如我们买房，如果看到的都是毛坯势必兴致大减，而看到样板房就会有"家"的感觉从而刺激购买欲望。通过场景来打动客户的购买欲望，激发消费者的共鸣，促进产品和服务的销售。还

有通过大数据分析预知消费场景提升客户体验。通过消费者的大数据分析，企业可轻松整理客户需求、预判客户使用场景，优化产品和服务。

（6）社区成为流量主要入口。场地租金攀升、企业利润下降、门店越开越小已成为中国实体零售不可阻挡的发展趋势，便利店、精品超市、社区型购物中心等社区商业将成为零售企业寻求转型升级的重要方向。伴随中国社区零售整合、全渠道发展进程逐步加快，投资成本低、成熟周期短的社区零售必将成为支撑行业发展的重要推手。社区作为线下主要流量入口的作用将愈发重要。

（7）无人零售大胆探索。作为连接生产与消费的流通环节，传统零售企业对全供应链控制能力较弱，信息传导响应不及时，供需错配导致企业库存高企、周转率低、商品同质化等问题不断加剧。目前随着技术发展、人工和租金的大幅上涨、基础设施的规模化和移动支付的普及，尤其是人工智能和物联网技术的飞速发展，无人零售已经具备加速发展的客观条件，加之资本入局，无人零售将进入快速扩张阶段。

（8）重构供应链。新零售将重构供应链，包括：①智能分仓。针对不同区域安排商品的种类和数量。②"以店为仓"。将门店作为仓库的载体，实现店仓结合。雀巢所采用的"实库虚库－盘货"就是典型的店仓结合，通过本地仓和门店发货，次日达和当日达的比例都得到了大幅提升。③柔性供应链。无论是商品流、信息流还是现金流，都需要快速响应。比如五芳斋的"C2B供应链"，让消费者选粽子的馅儿，选后快速反馈到工厂加工，快速配送到消费者。

鞋业新零售形态示意图如图12－12所示。

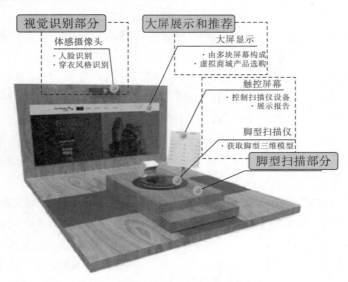

图12－12　鞋业新零售形态示意图

（侯科宇、周晋）

第十三章　个性化定制技术

一、个性化定制的内涵及价值

（一）个性化定制业务的内涵

为满足个性化和高品质的消费趋势，定制业务的发展取决于消费者或用户的内在驱动力。这种驱动力主要源于消费者满足其个性化需求的渴望。这些需求既具有一定的目标性，也是其所追求的价值所在。因此，定制业务的核心在于如何激发和满足消费者的潜在需求。

个性化定制中，功能型定制产品的发展较快。功能型定制的内涵在于满足特殊需求，以实现对产品的保护、矫正和预防。功能型定制产品根据个体脚部独特形态，结合正常人体脚部的生物力学特性进行设计和制作。这类产品可通过预制、半定制或全定制模式，以实现特定的运动目标，并在这个过程中发挥其保护、矫正或预防的功能。功能型定制产品的应用是一个连续的预防或矫正过程。各方参与者（特别是用户）的互动与反馈对于产品结构的改进至关重要。

（二）鞋类产品个性化定制的价值

（1）个性化定制的优势。

鞋类产品个性化定制业务本质上属于 C2M 业务，即从用户直达制造。C2M 的优势主要有按需制造、研发聚焦用户需求、赋能高效率。

①按需制造。面临严峻挑战的制鞋企业的难题在于制造成本上涨、渠道成本高涨和库存压力沉重。其中库存问题尤其突出。库存问题产生于零售与批发并行的销售模式，要求企业必须在渠道中保有一定规模的库存，以确保渠道需求时能及时提供。然而，在渠道通畅、消费活跃的环境下，这种模式是有效的；但在渠道存在问题、产品难以销售时，这种模式将产生大量库存。从本质上看，库存的多寡反映了供给和需求的相对比重。零售和批发并行的销售模式主要基于需求侧驱动。但需求侧往往带有不确定性。为了应对这种不确定性，供给端采用规模研发和批量生产的模式，尝试随机匹配需求端。因此，定制模式因依据需求来生产，在一定程度上明确了需求端要求，供给端则能按照明确要求进行生产。理论上的定制模式，应该接近零库存。定制模式的构建，是解决企业库存高企问题的关键举措。

②研发聚焦用户需求。采用定制业务的模式，鼓励用户深度参与产品的研发和制造过程，激励用户将他们的特色融入产品设计中，构建 CIY（Create it by Yourself）模式。这种模式使产品研发能够更专注于设计优化，以更好地满足用户需求。因此，更加专注于用户需求研发是实现定制业务的赋能之一。从功能型鞋类产品定制的需求角度来看，功能型定制实际是对用户需求的精准匹配。功能型鞋类产品主要针对用户健康品质的提升或医学客观要求，通过特定的产品设计满足用户定制需求。相较于其他一般鞋履定制需求，功能型定制更加专注和客观。例如，舒适度方面，功能型定制可能不需要舒适，而更加需要达到特定的治疗、保护或矫正效果。同时，用户的需求并不总是明确的，需要专业医生或工程师通过其临床表现进行特定的处方设计，因此产品实现的难度较大。

③赋能高效率。高效率的产生存在于三个环节：设计研发环节、用户需求转换到生产制造环节、生产制造环节。定制业务所涉及的结构化数据（如款式 A＋B＋C 的组合）与传统的非结构化数据（如喜欢或不喜欢）有所区别，这类数据有利于采用计算机算法和人工智能技术进行数据处理与分析，从而推动用户到生产过程的效率。以鞋类产品定制为例，在用户提出需求并获取脚型数据后，系统能够实现对应款式的鞋楦及鞋款样本的参数调整，同时通过指令生成生产 BOM 报表并准备材料，最终在最短时间内完成生产包裹的制作。一旦完成生产包裹的制作，制造过程只需按照规定进行。

（2）个性化定制的价值。

C2M 商业模式图表面 C 端、To 端以及 M 端的实现，不仅可创建定制业务模式，而且可实现鞋服品牌商业模式的重构，这也正是定制业务产生的价值所在。个性化定制的价值主要体现在以下几点：

①定制业务涉及的技术和学科，决定了对制鞋产业传统商业模式的变革。定制过程的实质，并非仅限于鞋类工艺的改造或升级，其涵盖的范围更广泛，包含脚楦匹配技术、参数化 CAD 技术、逆向工程技术及人工智能相关算法等关键技术。同时，这些关键技术的应用为鞋业实现转型升级提供了重要支持，并有可能重构制鞋产业的商业模式。因此，除去定制业务需实现的按需制造目标，其带来的变革具有全局性和系统性影响。

②新技术、新方法的广泛应用，解决了制鞋产业传统商业模式的瓶颈问题。在定制业务流程中，大量融入新零售策略，深入分析如何利用大数据及人工智能相关技术，处理鞋履定制过程中遇到的难题。为此，创建一个基于智慧零售技术的个性化鞋类产品定制模式。这些创新策略将全面赋能鞋履研发、制造及零售模式。

③新的模式将与用户建立强关系，用户可参与设计和制造。C2M 是全面以用户为核心的转变。在这一过程中，用户既是参与者，又是设计者，极大地增强了用户与品牌的关系。用户日益成为品牌的忠诚消费者，用户在品牌提供的一系列服务中又找到了归属感，获得了尊重，并通过品牌打造的鞋类产品实现自我价值的体现。随着用户黏性的增强以及用户与品牌关系的回归，品牌能够直接与用户对话，取消中间环节，为用户带来实实在在的价格优势。

二、个性化定制的主要表现形式

（一）个性化定制业务场景

鞋类产品个性化定制业务场景分为五个类型：鞋类品牌的业务升级、与服装的连带销售、其他场景的跨界融合、线上的定制创新、功能型定制。

（1）鞋类品牌的业务升级。定制业务在品牌转型升级中占据了重要地位，涉及对数据、信息、业务体系和用户关系的重构。根据实践经验，品牌通常会采取将定制服务融入现有店铺的策略，直接针对现有产品提供定制服务，或者开发新产品并按照定制模式提供服务。此外，一些品牌会启用新的品牌名称或副品牌，开设全新的品牌门店，以作为定制业务的载体。因此，定制业务在很大程度上满足了鞋类品牌的业务升级需求。

（2）与服装的连带销售。鞋作为关键服饰配件，能为服装的精气神增光添彩。固特异手工线缝鞋的特殊定制性质，使其与西服搭配，显得格外出彩。现如今，大部分手工定制鞋类产品主要在服装定制门店中销售。

（3）其他场景的跨界融合。定制鞋类产品体现的内涵是个性化、个体化。因此，有一些定制鞋类品牌通过与汽车经销商、家具店和床上用品店展开合作，共同开设体验区，以实现产品的销售。

（4）线上的定制创新。随着定制技术的虚拟化发展，传统的体验和数据获取设备逐渐被移动设备取代。移动化发展为定制业务的线上开展奠定了基础。线上开展方式分为两种：一为线上开设平台且通过线下测量获取数据，二为线上开设平台且通过开发手机APP获取用户脚型数据。目前，淘宝和京东等线上购物平台已开发了手机拍照获取脚型数据的小程序和插件。总体来说，线上个性化定制正处于快速发展阶段。

（5）功能型定制。功能型定制是专业性较强的一种定制模式，需要一定专业背景的技术人员，还需要较多专业设备，如压力检测、三维动作捕捉设备等。因此，功能型定制场景主要服务于医疗机构、康复机构、生物力学实验室或是专业产品销售终端。

（二）个性化定制业务模式

鞋类产品个性化定制与其他业务不同，主要体现为按需制造、量体定制。产品需求来自消费者。产品目标定位于更高阶的消费形式，例如发展型和美好型消费。因此，在传统品牌门店中提供定制化服务，并融入线下场景，是当前业务模式的主要构成。

当用户下单后，中台和后台需要执行的任务是快速分析、解读用户的订单信息，根据CAD/CAM迅速调整并生成生产包裹。选择定制产品的用户往往对细节有极高的要求，对品牌的服务细节和产品细节也非常重视。在用户关怀阶段，激发用户的再次购买欲望，成为定制服务中的关键环节。

个性化定制业务主要参与对象如下：

（1）前台。定制业务离不开服务供给、服务对象和服务载体。服务供给通常指门店或导购；服务对象指消费者；服务载体指服务的实现方式，如量脚设备、定制网站等。

这三个要素共同构成定制业务前台，如图 13−1 所示。

图 13−1 前台构成要素

（2）中台。中台重点对象是信息系统。定制业务主要实现商业模式创新，为用户提供个性化产品，减少企业研发及库存成本。定制业务需要系统中台的支持，特别是针对CAD/CAM 及生产资料数字化和信息化数据。个性化定制要求在尽可能短的时间内满足用户楦型、版型的调整，具备数字化和信息化能力。中台构成要素如图 13−2 所示。

图 13−2 中台构成要素

（3）后台。柔性制造、售后服务、用户关系打造是后台主要的构成要素，如图 13−3 所示。

图 13−3 后台构成要素

（三）个性化定制业务流程

个性化定制业务流程分为前端、中端、后端。前端业务包括从用户进店体验到付款的所有环节，中端业务聚焦于订单转化为生产包裹的过程，后端业务包括单件流产品制造、产品配送/交互、用户关系、售后服务。如图 13−4 所示。

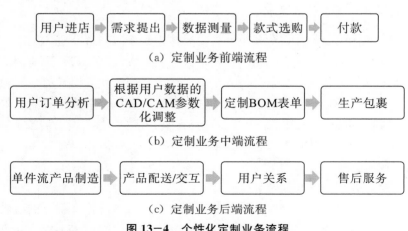

图 13−4 个性化定制业务流程

（四）个性化定制业务实施策略

个性化定制业务实施策略重点在于以下五个方面：

（1）构建品牌与用户的强关系。定制业务服务的用户是具有高度审美能力、渴望彰显自我个性和实现自我价值的群体，传统的品牌和用户的弱关系不能适应这种模式。因此，构建品牌与用户的强关系变得至关重要，例如，品牌与用户形成互相支撑的伙伴关系，品牌提供专业化服务满足用户需求，用户通过口碑传播为品牌提升价值。

（2）激发用户的定制欲望。从用户实际需求和自我提升的角度出发，整合多种业务模式，制定产品个性化定制策略，旨在激发用户的定制欲望。例如，针对实际穿着需求用户，主要提供满足鞋类产品穿着舒适度的定制业务；针对要求自我提升的用户，主要提供高级工艺和高端面料的定制业务，体现产品品质，展示用户品位。

（3）CAD/CAM 信息系统的构建。构建信息系统是实现定制业务的核心环节，也是提升业务效率的关键。在专注于产品研发和渠道建设的同时，应高度重视信息化体系的构建。然而，国内多数传统品牌推出定制业务时主要侧重于产品和渠道，因此在执行业务的过程中遭遇了许多困难，这些困难源于数字化和信息化体系的缺失。若采用CAD 系统，当面临鞋楦尺寸修改问题时，可在 CAD 软件中输入相应参数完成所有样板的调整，自动生成 CAM 数据，并将其与自动化设备相连，实现样版的自动切割。

（4）生产包裹的能力构建。定制业务本质上是单件流的制造模式，建立单件流的制造能力的核心在于形成单件流制造清单。单件流制造清单即生产包裹，包含制造 BOM报表、主楦材料等生产资料，以及技术清单等。因此，构建生产包裹的能力是核心。

（5）功能型定制重点打造专业能力。不同于普通型定制，功能型定制更强调专业能力，常见的包括具有运动医学专业背景知识和丰富经验、拥有专业评测和数据采集设备、具备功能型产品专业制作能力。这也意味着，功能型定制所带来的附加值远超普通型定制，其投入成本也远高于普通型定制。

三、鞋类产品个性化定制业务类型

鞋类产品个性化定制业务主要有传统业务、新型业务和复杂业务三种类型。

表 13-1　鞋类产品个性化定制业务类型

类型	传统业务	新型业务	复杂业务
主要内容	量体定制	个性化材料、款式、颜色、扣饰件、鞋垫等的定制	提供综合类型定制

续表13-1

类型	传统业务	新型业务		复杂业务
说明	主要是量脚定制	真皮大底＋固特异＋稀有皮革材料	属于轻定制，即用户体验了定制中的一项或多项服务。新型业务较广泛地应用了人工智能技术、互联网技术等先进技术。新型业务有两个流程：A型和B型	A型：门店量脚后，根据产品鞋楦尺寸进行产品适配和推荐	提供综合服务，如"脚型匹配＋不同材料＋不同颜色＋跟型＋……"。复杂业务一般基于在线设计平台，由消费者自主选择产品及组合，最终在平台下单
		成型大底＋固特异＋稀有皮革材料			
		真皮大底＋固特异＋皮革擦色工艺		B型：门店量脚后，进行个性化项目选择，最后按订单生产产品	
		成型大底＋固特异＋皮革擦色工艺			
主要特点	主要是手工固特异，完全按照消费者脚型定制，且可根据消费者喜好制作款式和擦色效果	根据定制的程度不同，可包括不同的业务组合：材料或颜色定制，扣饰件定制，图案定制，跟型和底型定制，鞋垫定制，等等			满足客户细分需求，能够较大限度地实现需求和产品的匹配程度

四、大规模个性化定制关键技术

（一）制造端关键技术

当前，传统制造业普遍依赖于批量化生产模式，大规模、低品类的生产在成本控制和操作简易性方面表现优秀，而对于消费者，其选择受限，个性化程度偏低。此外，制造资源在应对小规模、多品类产品时显得捉襟见肘，使得传统制造模式在定制产品制造上面临挑战。因此，鞋类产品个性化定制更注重规模化定制、的探索。大规模定制生产模式的核心在于将大批量生产与定制生产有机结合，使得在缩短产品交付周期和提升消费者个性化服务的基础上，通过规模效益降低生产成本，实现消费者和生产者的利益最大化。

关于大规模定制生产模式的研究涉及多个领域，其核心理念主要体现在宏观和应用层面。在宏观层面，关注的焦点包括客户需求的多样性、企业与市场环境的适配度、产品价值链的完善、先进的制造技术，以及产品的可定制性和组织内的知识管理。在应用层面，具有以下特征：扩展和优化零部件和产品的种类，识别和运用零部件和产品之间的相似性，增强零部件和产品的重用性；通过共享零部件和产品的准备时间、工艺路线等，可缩短生产调整次数和时间，获得接近大批量生产的连续性效果；以模块化、标准化和通用化的部件、设计为基础，以零部件的定制化作为补充；应用先进信息技术和柔性制造系统；在供应链内部整合企业内外资源，以实现优势互补。

只有当不同的鞋履定制产品成功地转化为具体的生产包裹，包含必要的生产细节和资料，才能在制造线上运行各种定制订单。对生产包裹进行数字化处理，可在各个生产工艺中实时呈现生产进度。另外，工艺信息的同步反馈也能支持生产过程控制，从而提高生产效率。通过优化流水线配置、优化工艺流程和应用自动化设备，实现柔性制造。

鞋类产品定制模式的发展如图 13-5 所示。

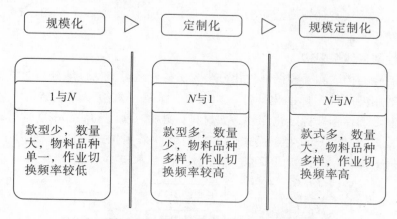

图 13-5　鞋类产品定制模式的发展

（二）柔性制造体系建设

柔性制造体系的建设需要标准化和个性化部件的协同、信息系统的构建、装备和人才及产业链的协同。

标准化的部件是提升柔性制造效率的基础，个性化部件则会影响整体制造效率。因此，应协同使用标准化和个性化部件，实现模组化和装配化。另外，标准化和个性化部件都应遵循统一的标准和方法进行生产。

订单下单至生产计划的过程是极为关键的阶段。在此期间，订单信息被详细分析，分解形成可进行制造的生产包裹。另外，拥有先进的制造设备和技能熟练的工人也是实现柔性制造的关键要素。在传统制造模式中，订单会根据工序拆分至不同工位，该工位工人只需完成自己的工序并将其传递至下一个工位。这样的模式一方面需要配置多个设备，增加成本；另一方面，不同工人对特殊需求的理解存在差异，可能导致产品不一致。而在柔性制造流程中，技能熟练的工人需操作多个设备，既能确保订单的一致性，又能提高单件流的制造效率，工人通过扫描条码或读取 RFID 卡来获取订单信息，了解产品的特殊制造要求，保证同类工序均由同一工人独立完成。此外，普及自动化设备（如前帮机和中后帮机）的应用，将大幅提升底部工段的效率。

柔性制造是个性化定制的重要配套，从业务角度来看并不复杂，但其涉及整个产业链的全面系统性和快速反应。因此，需要构建产业链的高效协同机制。如果仅是某一单元业务独立运作，缺乏整体考量，个性化定制就容易导致资源耗费、效能低下。但是，从定制业务的探索和实践来看，柔性制造为传统模式的转型升级，以及"零"库存模式的实现提供重要的参考价值。

柔性生产，作为个性化定制的关键支撑，从业务角度来看并非复杂，然而其涵盖的是整个产业链的全面系统性和快速反应。因此，需要构建产业链的高效协同机制。倘若仅在单元内独立运作而未考虑整体，个性化定制业务本身便容易导致资源浪费、效率低下的问题。但是，从定制业务的尝试和实践来看，它将为传统模式的转型升级，以及未来"零"库存模式的转型提供参考。

柔性制造体系从宏观到微观可分为三个阶段：柔性制造体系架构、构建部件化体系、制订柔性生产计划。

（1）柔性制造体系架构。

一双定制鞋的构成除了遵循部件化分类方法外，还可概括性地分为通用型部件和定制型部件。通用型部件指标准化部件，如中底、大底、鞋楦（部分结构，如底样和底弧）等；定制型部件指非标准化部件，如材料、鞋楦（头型和局部围度）等。通用型部件更多采用推式（PUSH）生产模式，定制型部件采用拉式（PULL）生产模式。因此，"PUSH＋PULL"模式就成了柔性制造体系的基本架构，如图 13-6 所示。

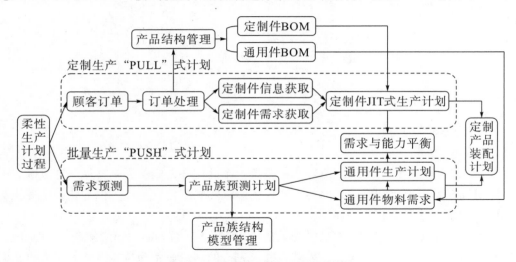

图 13-6　柔性制造体系的基本架构

"PUSH"模式基于标准化部件，结合订单信息进行预测，得到近一个阶段的标准化部件需求，进而制订通用型部件的生产计划；"PULL"模式需要对订单进行分析和分解，区分订单中出现的通用型部件和定制型部件，从而制订出定制型部件的生产计划。在"PUSH"模式和"PULL"模式之间，要做到需求与能力平衡，满足生产计划的可行性。

（2）构建部件化体系。

构建部件化体系的目的是利用成熟的通用型模块和满足定制要求的定制型模块，在短周期、低成本的条件下，满足不同系列产品的市场需求。

（3）制订柔性生产计划。

经过前面两部分的框架和模块的设定，制订柔性的生产计划本质上是对产品族及变量进行配置的过程。在配置过程中分为通用部件的配置和定制部件的配置。如图 13-7

所示，针对通用部件的配置需要判断其约束条件是否满足订单要求，如不满足需要外购或是改动，需要分配流程；针对定制部件，需要判断产品的优先级、然后判断约束条件。经过通用部件和定制部件的计划，最终完成柔性生产计划的制订，并生成生产计划指令单和相关表单文件。

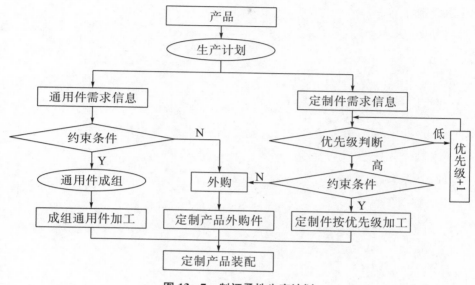

图 13-7　制订柔性生产计划

五、个性化定制技术的展望

随着技术的发展、消费文化的转型、市场结构的变革，个性化定制已发展成制造业的关键趋势。个性化定制服务使消费者能够在设计、生产、包装、物流、配送等环节提出个性化要求，并深度参与其中。在当今市场规模和电子商务渠道发展成熟背景下，定制服务能够利用大数据、云计算、云存储和计算机视觉等技术进行创新，为消费者提供更加丰富的个性化定制服务。

个性化定制流程与计算机视觉技术紧密结合，能高效地识别线下门店消费者的穿衣风格。在此基础上，导购能快速掌握消费者的喜好和风格，从而精准地推荐适合的产品。线上平台通过计算机视觉采集技术收集数据，形成消费者数据库，为产品趋势预测和宣传推广提供数据支持。借助云计算和大数据，线下门店能够分析数据库中数据的规律，为消费者提供半定制化服务。线上平台利用大数据技术通过收集消费者信息数据形成 CRM 等系统，为消费者推送符合其喜好的定制产品。此外，还能结合 3D 打印、5G、VR、线上辅助设计等技术，打造新零售业态下的定制服务。

新零售背景下，新兴购物环境蓬勃发展，最大限度地彰显个性，充分展现用户的心理特点并满足其体验需求，其优势将远远大于规模化和标准化生产。科技的进步为新零售提供了全方位展示和承载的支撑，个性化定制为新零售平台注入了更丰富、更有价值的内容。思考新零售、实践新零售、创新新零售，具有十分重要的意义和价值。要从实

际出发，从产业链中不同企业和专业的角度实践新零售、创新新零售。行业要运用工业互联网这样的先进技术平台，集成高技术含量的产业链，缩短个性化定制时间，避免盲目生产，降低库存，节约社会资源。个性化定制的实现标志着消费者和生产者关系的又一次转变，当前生产是市场需求端引导供给端的技术革命，消费市场会变得更加多元和个性化。

（侯科宇、李晶晶、周晋）

第十四章　交互技术

一、交互技术的概念

交互技术包括交互式数字化产品、环境、系统和服务，定义了两个或多个互动个体间交流的内容和结构，使其互相配合，共同达成某种目的。交互设计创造和建立的是人与产品及服务之间的关系，设计的目标基于可用性和用户体验两个层面，关注以人为本的用户需求。可用性是指在特定的用户使用环境中，产品为特定的用户解决特定需求时所展现出的成效、效率和满足感。用户体验是指用户在使用某个产品、系统或服务的整个过程的所有感知，包括用户与产品、系统或服务交互时的体验，以及从产品中体验到的情感、价值和意义等。对用户体验产生影响的要素分别是产品、用户和使用环境。

近年来，随着计算机技术在移动和图形技术等方面取得巨大进展，人机交互（Human-Machine Interaction）技术几乎渗透到人类活动的所有领域。系统的评价指标从单一的可用性工程扩展到范围更广的用户体验。用户体验（用户的主观感受、动机、价值观等）在人机交互技术发展中获得极大关注。用户体验的五层模型包括战略层、范围层、结构层、框架层、表现层，具体如图14-1、表14-1所示。

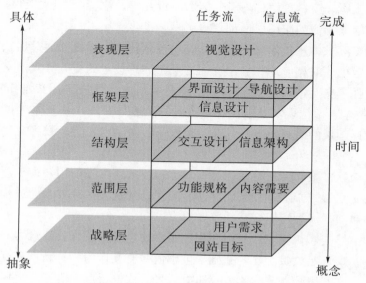

图14-1　用户体验的五层模型

表 14-1　用户体验的五层模型

五层模型	说明
战略层	用户需求和产品目标。好的产品要有明确的战略定位，基于具有某类固定需求的目标用户群体展开。进行战略定位时，要明确目标客户、需要解决的问题及开发者优势
范围层	对于功能型产品，主要是创建功能规格，对产品的功能组合进行详细描述；对于信息型产品，主要以内容需求的形式出现，对各种内容元素的要求进行详细描述
结构层	对于功能型产品，要关注交互设计，定义系统如何响应用户的请求；对于信息型产品，要关注设计信息架构，合理安排内容元素以促进用户理解信息
框架层	功能型产品和信息型产品都要进行信息设计，建立更能理解的信息表达方式。功能型产品框架层还需要界面设计，能让用户与系统功能产生互动；信息型产品框架层需要导航设计
表现层	为产品创造感知体验，包括听觉、视觉，保证具有对比性和一致性等

二、交互技术的基本形式

（1）触摸交互。触摸交互是指通过人的手指触点、手势与外在物理实体接触以实现人机交互，是目前应用较为广泛的形式。目前，触摸交互的媒介主要是智能触摸屏，可实现多点、多用户、同一时间与产品进行精准交互，符合人的认知和行为学特点，相较于传统的按键和鼠标等形式，能够有效提升用户体验。

（2）智能语音交互。在与机器的交互中，语音的优势无可比拟，它能显著降低用户的使用障碍，缩短学习时间和成本，解放操作者的双手。随着智能终端的迅速普及，智能语音交互已成为一种至关重要的交互形式。用户只需通过语音输入就可得到机器的反馈，机器展现出听、说、理解、思考的能力。近几年，语音交互已在许多领域得到广泛应用，在技术层面和产品应用层面都获得了显著进步。

（3）体感交互。体感技术也称为动作感应控制技术，指机器通过识别、解析用户的动作，根据预定模式对相应动作做出反馈。基于体感技术的交互方式使交互过程更加自然、直接，增强了交互过程中用户的控制感及参与度，促进了用户的沉浸体验。近年来，随着 3D 技术、虚拟现实技术在各个领域的渗透与发展，基于体感技术的交互方式已成为交互设计领域的研究热点，并在游戏娱乐、医学、工业、教育文化等多个领域得到广泛应用。

（4）眼动交互。眼动交互是指通过视线追踪技术获取当前用户视觉注意方位，并实现计算控制的交互形式。随着产品硬件性能的提升及视线追踪技术的进步，关于眼动交互的研究日益热烈，成为智能交互的重要研究方向。

（5）生理信号交互。获取、分析和利用用户的生理信息（如注意力、紧张程度、疲劳程度等）是实现自然人机交互的基础。生理信号交互作为一种新型交互模式已被相关学者重点关注。它利用脑电波、心电、肌电信号、皮电反应、脉搏、血压等生理信号与计算机互动，通过传感设备实时进行监控和分析，并做出反馈。

三、交互技术的应用

交互技术主要应用在以下几个领域：

（1）游戏娱乐领域。游戏娱乐作为交互技术的重要应用领域，为该技术的发展提供了广阔的市场。以虚拟现实为主的交互技术在游戏娱乐领域得到越来越多的应用，游戏娱乐的目标是保持实时性和交互性的同时，不断提升逼真度和沉浸感。

（2）医学领域。医学领域对交互技术有着巨大的应用需求。人体数据庞大，各种组织、器官具有不同特点，构造更强大的医用交互系统成为发展重心。现阶段，交互技术已成功应用于虚拟手术训练、远程会诊、手术规划及导航、远程协作等方面，成为医疗过程中的重要辅助手段。

（3）工业领域。在工业领域，产品的虚拟设计、装配、人机工效和性能评价等环节均可使用交互技术来实现。衍生出的模拟训练与虚拟样机也得到了广泛应用。例如，波音公司借助虚拟现实技术辅助波音 777 的管线设计，约翰逊航天中心利用虚拟现实技术对哈勃望远镜进行维护训练。

（4）教育文化领域。在教育文化领域，交互技术可以实现数字博物馆/科学馆、大型活动开闭幕式彩排仿真等应用。还可对各种文献、手稿、照片、录音、影片和藏品等进行数字化展示。

四、关键交互技术

（1）虚拟现实技术。

虚拟现实（Virtual Reality，VR）是利用虚拟现实设备模拟产生一个三维空间，模拟用户视觉、听觉、触觉等，让用户仿佛置身其中。用户移动位置改变之后，电脑设备可以及时进行复杂运算，并将精确的三维影像传回，使用户有身临其境的感受。目前，标准的虚拟现实系统通常利用虚拟现实耳机或多投影环境来创造逼真的图像、声音和其他感觉，模拟用户在虚拟环境中的物理存在。VR 头戴式显示器可实现这种效果，如图 14－2 所示。

图 14－2　VR 头戴式显示器

（2）增强现实技术。

增强现实（Augmented Reality，AR）是一种真实世界环境的交互体验，存在于真实世界的物体被计算机技术产生的感知信息增强，包括视觉、听觉、触觉、体感和嗅觉。AR 可以为用户提供以计算机技术为媒介的沉浸式体验，将真实世界和虚拟世界混合在一起，能把计算机生成的虚拟信息（如物体、图片、视频、声音、系统提示信息等）叠加到真实场景中并与人实现互动，是对现实的一种补充而非替代。增强现实有浸入式（从现实到虚拟）、普遍存在（从静止某一处到无所不在）、多样性（从单个用户到潜在用户）的特点。浸入式维度相当于现实到虚拟连续体，普遍性维度指 AR 系统在哪里及如何被使用，多样性维度代表并发用户使用该系统的程度。

（3）混合现实技术。

混合现实（Mixed Reality，MR）包括增强现实和虚拟现实，是合并现实和虚拟世界而产生的新的可视化环境（图 14-3）。混合现实技术是基于计算机视觉、图形处理能力、显示技术和输入系统的进步。混合现实一词是由 Paul Milgram 和 Fumio Kishino 在一项名为"混合现实视觉显示分类学"的研究中提出的，现实－虚拟连续体是从一个完全真实的环境到完全虚拟的环境，在这个连续体中，混合现实被定义为真实世界和虚拟世界一起呈现。AR 虚拟对象可被添加到真实环境中，AV 中真实物体可投射到虚拟环境中。

图 14-3　混合现实技术

五、交互技术关键设备

（1）显示设备。显示设备是虚拟现实系统的基本设备之一，显示效果直接影响用户对虚拟环境的感受。目前，虚拟现实系统显示设备主要有智能眼镜、头戴式显示器、双目全方位显示器、大屏幕投影－液晶光闸眼镜等。

（2）跟踪定位设备。在虚拟现实系统中，通常需要获取用户位置或行动轨迹等信息。常用跟踪定位设备有磁场跟踪设备、声学跟踪设备、光学跟踪设备、惯性跟踪设备和眼球跟踪设备。

（3）力触觉交互设备。近年来，力触觉技术成为研究热点。力触觉设备从功能上有触觉、肌肉运动觉反馈。触觉设备能够反馈真实的触觉要素，如材料的质感、纹理感和温度等；力触觉设备能够反馈力的大小和方向。岐阜大学成功开发出世界上最小的超敏感触觉传感器，日内瓦大学研发出让人感觉到与触摸真实纺织品类似的触感。力触觉设备具备高度逼真的三维触力觉反馈能力，进一步增强了虚拟环境的交互性，提升交互真实感。例如，Sensable 的力反馈设备 PHANTOM 系列，能使用户接触并操作虚拟物体；Force Dimension 的 Delta 系列触感装置，能传达大范围的压力和扭矩信息；Immersion 的 CyberGrasp 系列数据手套，重量轻且具有反馈功能。

六、交互技术的展望

随着交互技术的完善和硬件软件成本降低，交互技术在制鞋产业的研发与零售领域将发挥更大作用。通过交互技术，可以在线展示虚拟定制样品，为消费者提供更真实的效果。在零售领域，交互技术可用于数字虚拟门店、VR 产品体验和虚拟试穿等。数字虚拟门店将实体场景转化为数字化场景，打破了时空限制，成为交互技术在零售端的最基础的应用。基于 VR 技术，消费者可在线体验虚拟门店产品选择并完成试穿。交互技术丰富了线下购物体验，使消费者能够享受无接触式购物和体验式购物。因此，交互技术作为数字化转型的关键环节，将引领更多企业加入数字化转型进程，只有当企业数字化能力达到一定水平后，交互技术才成为可能。

（鲁倩、侯科宇）

第十五章　绿色制造

鞋类产品的原材料主要是皮革和橡胶（大部分），因鞋类产品制作工艺和效果有一定要求，故在生产制作过程中可能使用铬鞣剂、胶黏剂、涂饰剂等化学品，从而产生污染；快时尚的发展可能会产生一些鞋类产品的废弃物，这也是一种浪费和污染。

2021年，制鞋行业开始践行减碳行动。例如，Nike、Crocs、UGG等推出旧鞋回收、旧鞋更新计划，旨在通过回收和翻新降低新鞋购买频率；PUMA研发可生物降解版本运动鞋；OrthoLite、Texcon、Rhenoflex、Coats等鞋材企业实践可循环和减碳生产制造工艺，或选用回收的原材料、可再生材料，争取在生产制造过程实现零排放；红蜻蜓、兴业皮革加强绿色工厂建设，旨在减少能源消耗和固体废弃物的产生，降低制造过程中的碳排放水平。因此，加快实施制鞋产业绿色发展战略，是解决行业未来发展困境的关键举措。

一、绿色制造的范围及内涵

制革作为人类发展历史最为久远的记忆和传承，本质上是资源的循环和利用；而制鞋业则是承接这种绿色机制，将皮变成能够实现保护、保暖、耐久的产品。随着近代工业的发展，制革造成了巨大的环境和生态问题，同时作为鞋类产品，重金属超标、有机类化学物质超标，严重威胁着人们的健康。当前的这些现状已经偏离了制革和制鞋出现时的初衷。因此，寻找制革和制鞋的本源，即绿色发展的方式和技术，不仅对于提升鞋类产品品质和消费者的安全和健康体验十分重要，同时也是实现产业可持续发展、实现行业的转型升级必要举措。

皮革行业作为人类发展中的记忆与传承，核心在于资源的循环与利用；制鞋产业应继承这种绿色制造，生产具备各种功能特性的产品。然而，随着近代工业的快速发展，制革行业造成了巨大的环境和生态问题，鞋类产品制造中使用的某些化学物质，可能会对人类健康构成威胁。因此，探寻制鞋产业的绿色制造，对提升鞋类产品品质和保证消费者的安全与健康至关重要，也是实现产业持续发展与转型升级的必要举措。

制鞋产业的未来发展，应基于绿色理念进行产品构思，采用绿色方法进行产品设计，运用绿色材料和工艺完成制作，构建基于生态产品的绿色平台，为消费者开发绿色、健康的鞋类产品。

绿色发展包括了三大体系的协同建设：绿色制造，涵盖了制鞋废弃物资源综合利用和绿色制鞋技术及工艺研究及产业化；绿色设计，包括了产品快速研发数字化和虚拟设计平台建设；新零售则是构建 C2M 的业务模式。这些关键的举措从本质上改变了当前鞋类产品的设计流程和方法、营销的模式和生产的关键技术，最终以环保、节能和互动的产品设计理念实现鞋类产品的设计和生产。

推进绿色制造发展，需着眼于三大系统的协同发展（图 15-1）：一是绿色制造系统，包括制鞋产业废弃物资源的综合利用、绿色制鞋技术工艺的研究及产业化；二是绿色设计系统，包括数字化设计和虚拟设计平台构建；三是新零售系统，是以 C2M 为导向的零售模式。这些关键举措可以改变当前鞋类产品的设计流程和方法、营销模式和生产关键技术，实现制鞋产业的绿色制造。

图 15-1　绿色制造三大系统协同发展

二、制鞋产业绿色制造现状

已成为制造大国的中国，在制鞋产业方面还存在不足，例如产能过剩状态、库存较高、产品品质差异明显、创新能力不足、新技术和新工具的运用存在困扰。2015 年开始，针对制造业存在的问题，国务院提出，依托"三去一降一补"，调整和优化内部发展环境。其中，"一补"即补短板，这是这一举措的核心：一是补人才的短板，提高从业人员的专业技能水平和综合素质，通过引进高端人才、培养内部潜力型人才，夯实研发基础；二是补创新的短板，在技术、产品、管理和经营模式勇于创新；三是补技术的短板，更多地利用信息技术、智能化和自动化设备进行生产制造和管理；四是补消费者体验的短板，在满足消费者对价格和产品功能的要求的基础上，为产品注入更多的美学价值和精神价值。

三、绿色制造的主要构成

绿色制造就是基于绿色理念进行产品构思、产品设计，运用绿色材料和工艺完成产

品生产。以皮鞋为例，其绿色制造包括以下方面：

（1）绿色产业链。其包括制鞋废弃物资源的综合利用，以及绿色制鞋技术及工艺研究。

（2）绿色原材料。皮鞋制造作为无铬鞣生态皮革产业化的下游端，需要与上游企业配合，开发无铬鞣皮革产品。要提高无铬鞣皮革的收缩温度，降低皮革成型环节高湿热工艺的影响；改进生产技术和工艺，使用非铬材料或有机、无机材料进行皮革的鞣制，利用皮革制造循环技术实现废液的可循环使用，减少碳排放。

案例一　皮革领域

欧洲制革产业碳足迹报告（2020）（European Leather Industry—Social and Environmental Report 2020）指出，欧洲皮革制造种类为牛皮（80%）、羊皮（19%）和其他类型（1%），主要使用种类为鞋用皮革（37.8%）、包袋皮革（22.3%）、汽车坐垫革（13.4%）、沙发革（13.3%）、服装革（11.4%）。在碳足迹方面，2020 年欧洲制革化学用品平均消耗量为 2.15 kg/m²，能源消耗为 1.76 吨油当量/m²，用水量消耗为 0.13 m³/m²，固体废弃物平均产生量为 2.63 kg/m²；废水排放方面，占比前三的污染物为铬、悬浮固体和 COD；在容积消耗方面，挥发性有机化合物（VOC）平均排放量为 29.5 g/m²。

案例二　辅料领域

Texon 是知名的鞋用辅料公司，提供高性能和可持续的鞋用港宝、包头和鞋垫产品。在包头产品领域，循环利用材料占产品用料比例达 64%，如 X8S 具有优异的产品定型效果。循环利用材料的使用在软包头、可弯折运动包头领域占比从 4% 提高至 63%，特别是生物基运动包头已实现 50% 采用甘蔗废渣提取的生物基材料。在港宝产品领域，引入生物基材料增强产品强度，达到 39% 的材料可再生。powder—moulded Halo counters 产品包含 50% 的再生材料，实现了零废物排放。在鞋垫领域，对 Ecoline 鞋垫产品持续增加再生材料的应用占比，达到 75%～85%，并在制造过程中减少水和化学试剂的使用，实现排放闭环。另外，Lightweight Ecosole 产品包含 85% 的再生材料，Kabru 产品包含 63% 的再生材料。

Texon 在 2020 年提出 2025 实现废物排放的目标：减少碳足迹 50%，使用 LED 光源，使用节能主机，生产过程更高效和更节约，优先使用海运；减少 50% 初级材料的应用，大幅增加再生材料和可再生材料的使用，实现大于 85% 的使用比例；90% 的废弃物实现可再生和重复使用，加强 Texon Ecoline 的建设；减少水的使用和 20% 废水的产生，引入节水工艺，升级污水处理系统。

（3）绿色设计。绿色设计是利用数据库技术、逆向工程技术、虚拟 3D 设计技术、计算机渲染技术等开展的产品设计，如图 15-2 所示。

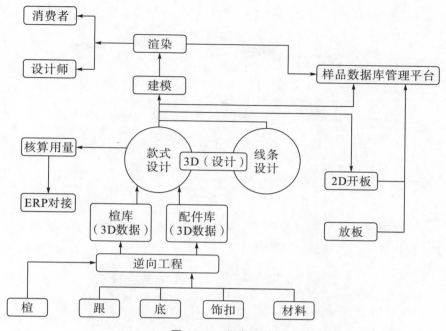

图 15—2 绿色设计

案例三 数字化协同平台

时谛智能深耕时尚产业数字化发展，打造可规模化的数字化协同平台，为传统鞋类产品制造模式提供数字化设计及制造等相关技术服务和解决方案，缩短产品开发周期，提升效率，降低成本。时谛智能数字化协同平台实现了产品开发—制造—销售环节地在线化、数据化、智能化，包括四种主要工具：

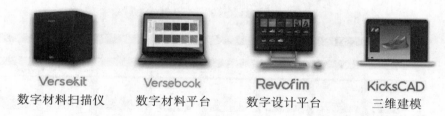

Versekit 数字材料扫描仪，真实还原各种织物、皮料与合成材料的质感。

Versebook 数字材料平台，以高精建模＋实时渲染展示面料效果。

Revofim 数字设计平台，将线上协同设计实时转换成高清 3D 渲染图，或通过云端渲染生成 4K 产品图。

KicksCAD 三维建模，自由搭建模型，实现 2D—3D 转换。

时谛智能数字化协同平台具有以下优点：

（1）变革设计流程，提升研发效率。通过数字化流程和协同设计，优化生产周期，提高研发效能。

	产品企划	产品设计	产品开发	产品收集	下放订单	批量生产
鞋业 Shoes industry	Plan	Design	Development	Product Selection & Order Taking	Factory PO Placement	Factory Production
64周 weeks 传统流程 Traditional	6周 6wks	8周 8wks	27周 27wks	5周 5wks	4周 4wks	14周 14wks

简化开发流程/时间
Digital-enabled Design &
Development is Simpler & Faster

	产品企划	产品设计	首样会开发	一选会开发	订货会开发	订单归集	批量生产
28周 weeks 数字化流程 Digital	Plan	Design	1st round digital proto	2nd round digital proto	Client Meeting & Product Selection	Order Taking	Factory Production
	4周 4wks	4周 4wks	2周 2wks	2周 2wks	4周 4wks	2周 2wks	10周 10wks
	竞品分析 流行趋势分析 trend analysis	材料库 2D线稿+材料编辑 2D design concept Material block Material edit	3D建模渲染/3D打印 /协同管理 3D modeling/ 3D printing/ Collaborate		线上订货会 后台运营分析 Collection development Online ordering meeting Orders data analysis		3D转2D纸板 模具生产 3D to 2D pattern Mold production

（2）实现虚拟展示、虚拟订货。通过虚拟平台全方位展示产品，实现远程实时订货，促进研发产品迅速投放市场。

时谛智能数字化协同平台协助传统制鞋企业的数字化转型，突破从企划设计到制造的难点，实现数字化设计—数字化制造—数字化营销。

（4）绿色生产。绿色生产指采用生态、安全和健康的生产材料和工艺技术实现产品生产。坚持无胶或环保胶工艺，尽可能采取物理临时黏合方法，提高对原材料的利用率，减少固体皮革废弃物的产生，采用水性光亮剂等环保化学材料进行后涂饰处理，构建绿色产品质量评价标准。

绿色生产中的减碳措施可从三个方面展开：对生产流程进行碳足迹分析，有针对性地研发和推广减碳工艺；使用可再生能源（如生物燃料）替代传统能源；对生产过程中产生的边角废料进行无害化处理，边角皮革废料可以用于建筑和户外地砖制造。

案例四　鞋类产品制造的碳足迹分析——以 PU 带跟凉鞋为例

（1）定义目标与范围。

系统边界：从资源开采到产品出厂。

数据集名称：女士凉鞋。

系统功能与基准流：生产一双女士凉鞋。

LCA 研究类型：行业 LCA——代表市场或技术平均水平。

产地：中国。

基准年：2021

（2）实景过程。

过程数据划分为生产物质原材料、裁断工艺、针车工艺、成型工艺四个单元，包含主要生产工序、末端治理和原料运输。

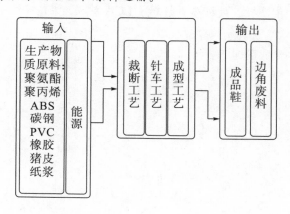

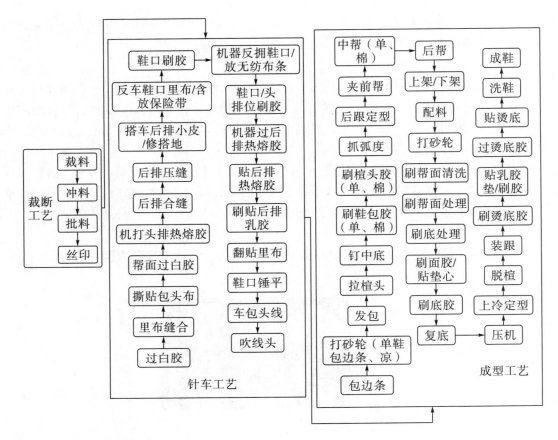

（3）建模方法。

再生循环：无再生原料消耗，无废弃再生过程。

取舍规则：符合中国生命周期基础数据库（Chinese Life Cycle Database，CLCD）取舍规则，比重小于1‰的排除。

完整性检查：生命周期模型数据模型中上游生产数据完整。

背景过程数据库：Ecoinvent 3.1.0数据库、CLCD－China－ECER 0.8.1数据库、ELCD 3.0.0数据库。

软件工具：采用碳足迹分析工具 eFootprint 系统，在线完成全部 LCA 工作，包括建模、计算分析、数据质量评估、LCA 结果发布。

（4）结果。

过程累积贡献图如下：

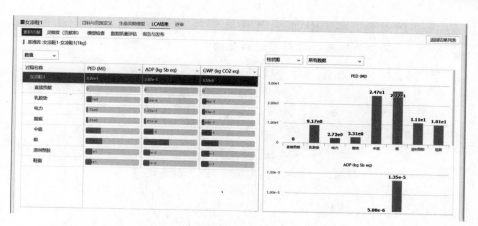

如下图所示，全球增温潜势（Global Warming Potential，GWP）总值达到 3.582 kg 二氧化碳当量，其中跟的 GWP 为 1.160 kg 二氧化碳当量，占 32.4%；中底的 GWP 为 0.692 kg 二氧化碳当量，占 19.3%。因此从总体上看，通过改变跟、底部分制作配方或材料用量来改进工艺，可以实现碳排放减量。

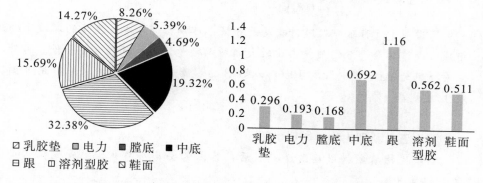

如下图所示，各部件初级能源消耗潜值（PED）中，跟和中底最高，分别为 27.2 MJ、24.7 MJ，占总值的 30.80%、27.97%。

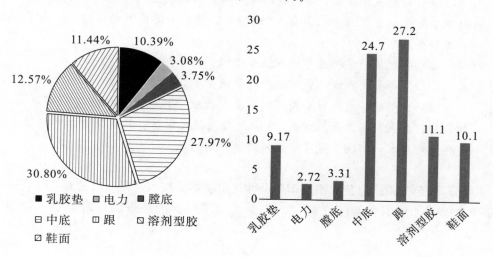

如下图所示，各部件非生物资源消耗（ADP）消耗中，最大为跟（占比47.86%），其次为中底、溶剂型胶和鞋面。

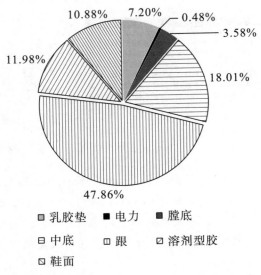

□ 乳胶垫　■ 电力　■ 膛底
□ 中底　　□ 跟　　□ 溶剂型胶
□ 鞋面

通过对 PU 带跟凉鞋进行碳足迹分析，可知各部件中，主要的环境影响为跟和中底，而这两个部分的质量占比较大，所以轻量化是减碳的主要手段。另外，鞋跟主要材料为 ABS 塑料，对 PED 和 ADP 的影响占比较大，故鞋跟可用可循环塑料或生物基塑料替代。

案例五　新型生物质燃料烘箱

新型生物质燃料烘箱改造完成后，其由需要 40 kW·h 变成现在需要生物能源 3.5 kW·h。

新型生物质燃料烘箱改造后优势如下：

（1）新型生物质燃料烘箱投入使用后，以每条生产线年产 3 万双鞋计算，每双鞋成本降低 1.1 元（占比 30%）；新型生物质燃料烘箱加热均匀，提高了黏合强度和成型良品率。

（2）能耗节约量相当于标准煤 6.1 kg。

（3）每一条生产线二氧化碳排放量减少了 28.5 kW·h。

（4）新型生物质燃料烘箱可实现生产过程中挥发性有机物（VOCs）的协同治理，该设备采用高温分解方式，VOCs 处置效果明显，且能耗增加不明显，降低了废气处理成本，解决了危废活性炭难治理的问题。

（5）绿色营销。绿色营销是运用个性化定制相关技术，开展消费者-产品一对一按需生产模式，从消费端精准定位，减少产品库存及产品报废处理比例，如图 15-3 所示。

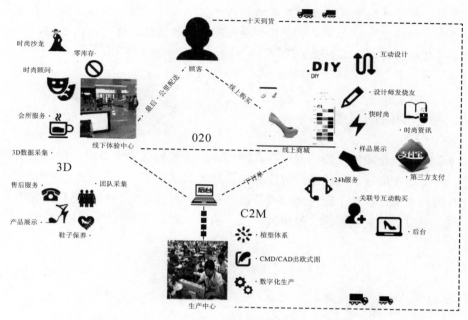

时尚沙龙　零库存
时尚顾问
会所服务
3D数据采集
3D
售后服务　团队采集
产品展示　鞋子保养
线下体验中心
020
顾客　十天到货
最后·公里配送　线上购买
线上商城
DIY　互动设计
设计师发烧友
快时尚
时尚资讯
样品展示
文化王　第三方支付
24h服务
关联号互动购买
后台
C2M
植型体系
CMD/CAD出欧式图
数字化生产
生产中心

图 15-3　绿色营销

（6）无害化处理及资源化利用。采用化学处理和机械粉碎结合的方式，对皮革废弃物进行纤维化处理，得到可用于抄纸的皮革纤维，再与适量纸浆混合进行抄纸，生产纸板类包装材料，实现皮革废弃物的资源化利用。探索皮革废弃物的无害化处理和资源化利用的有效途径，研发鞋类产品边角料及含铬皮革废弃物的无害化处理技术和配套设备，以实现皮革行业环境保护的新突破。

案例六　皮革废弃物的无害化处理及资源化利用

皮革废弃物主要来自皮革成品的修边、皮革裁剪余料和废旧皮革制品（皮革垃圾）等，其成分比含染料的废弃物更复杂，除含有铬盐、染料、加脂剂和复鞣剂外，还含有染料膏、染料水、聚氨酯树脂、丙烯酸树脂和蜡剂等涂饰剂材料，以及内衬里布料等非皮革成分，很难进行综合利用。

胶原蛋白和铬是皮革废弃物主要的有价值成分，通过化学或生物方法进行回收利用很难实现，还会产生二次污染，所以采用物理方法或物理方法与化学方法结合处理是可行的。主要技术思路和路径为：胶原纤维和植物纤维是两大天然高分子，普遍存在于动物和植物体内。胶原纤维是由 α-氨基酸通过肽键构成的多肽链，植物纤维是由 D-葡萄糖通过 1,4-β-糖苷键构成的链状大分子。胶原纤维分子中含有大量羧基、氨基、羟基；而纤维素中含有大量醇羟基（包括伯、仲醇羟基）。由此可知，这两种天然高分子中含有许多活性基团和活性部位。在制革前处理及造纸制浆生产中，大分子中的活性基团暴露更多，尤其是废弃物经过处理变成再生纤维的过程中，大分子的结构又受到不同程度的破坏，故活性基团暴露更多，更易发生反应，为两种纤维的机械混合和化学结合提供了良好的条件。因此，利用化学处理

和机械粉碎结合的方式对皮革废弃物进行纤维化处理，将纤维化后的皮革纤维与纸浆混合，抄造纸张。由于皮革废弃物中含有铬，抄造的纸张有一定限制，可以生产纸板用作包装材料（如鞋盒）。

四、绿色制造的展望

在推动制鞋产业绿色发展的进程中，应梳理出绿色发展关键要素，规划发展的步骤与策略，制定切实可行的绿色设计方法和制作工艺，从而推广绿色理念，同时要培养绿色消费习惯。未来，要基于绿色理念进行产品的构思与设计，选用绿色材料和工艺完成产品生产，为消费者提供绿色、健康的产品，引领制鞋产业健康、可持续发展。

（周晋）

参考文献

［1］ Keiser S，Garner M B，Vandermar D. Beyond design：The synergy of apparel product development ［M］. New York：Bloomsbury Publishing，2017.

［2］ Holland G，Jones R. Fashion trend forecasting ［M］. London：Laurence King，2017.

［3］ Nixon M，Aguado A. Feature extraction and image processing for computer vision ［M］. New York：Academic press，2019.

［4］ 朱大奇，史慧. 人工神经网络原理及应用 ［M］. 北京：科学出版社，2006.

［5］ Rosenfeld A. Digital picture processing ［M］. New York：Academic press，1976.

［6］ Szeliski R. Computer vision：algorithms and applications ［M］. Berlin：Springer Science & Business Media，2010.

［7］ Norvig P R，Intelligence S A. A modern approach ［M］. New York：Prentice Hall Upper Saddle River，2002.

［8］ 龙凯，贾长治，李宝峰. Patran2010 与 Nastran2010 有限元分析从入门到精通 ［M］. 北京：机械工业出版社，2011.

［9］ 卢秉恒，林忠钦，张俊. 智能制造装备产业培育与发展研究报告 ［M］. 北京：科学出版社，2015.

［10］ 章毓晋. 图像工程（中册）——图像分析 ［M］. 2 版. 北京：清华大学出版社，2005.

［11］ 边肇祺，张学工. 模式识别 ［M］. 2 版. 北京：清华大学出版社，2000.

［12］ Bruno A，Tollenaere M. Design of wire harnesses for mass customization ［M］. Berlin：Springer Netherlands，2003.

［13］ 虚拟现实技术与产业发展战略研究项目组. 虚拟现实技术与产业发展战略研究 ［M］. 北京：科学出版社，2017.

后　记

　　在《鞋业科技概论》的编写过程中，感谢以下专家和机构为本书提供了丰富的素材：

　　广东意华鞋业科技研究院提供了智能制造的模式和图片，杭州锴越新材料有限公司提供了鞋类辅料的知识，浙江红蜻蜓鞋业股份有限公司提供了关于个性化定制的案例，英国SATRA提供了专业的舒适度评价的知识方案，广东时谛智能科技有限公司提供了数字化的相关内容和案例，成都伊络克科技有限公司提供了关于信息化的业务逻辑和案例介绍，深圳极视角科技和深圳爱智慧科技提供了AI技术赋能流行趋势方案；四川大学谭淋副教授提供了关于先进纺织材料的洞见，浙江红蜻蜓鞋业股份有限公司吴建欣、温州工业科学研究院毕东亮、成都市产品质量监督检验院王睿、SATRA中国李克四位专家为本书提供了专业的咨询和建议；北京清锋时代科技有限公司提供了关于3D打印的相关资料。

　　最后向温州市鹿城区科技局和温州鞋革产业研究院的支持表示衷心感谢。

编　者